苜蓿
生理特性与优质栽培

张运龙　李茂娜　编著

中国农业科学技术出版社

图书在版编目（CIP）数据

苜蓿生理特性与优质栽培 / 张运龙，李茂娜编著. --北京：中国农业科学技术出版社，2022. 10

ISBN 978-7-5116-5990-3

Ⅰ. ①苜… Ⅱ. ①张… ②李… Ⅲ. ①紫花苜蓿－栽培技术 Ⅳ. ①S551

中国版本图书馆CIP数据核字（2022）第203798号

责任编辑 周丽丽
责任校对 王 彦
责任印制 姜义伟 王思文

出 版 者 中国农业科学技术出版社
北京市中关村南大街12号 邮编：100081
电 话 （010）82109194（编辑室） （010）82109702（发行部）
（010）82109709（读者服务部）
网 址 https: // castp.caas.cn
经 销 者 各地新华书店
印 刷 者 北京建宏印刷有限公司
开 本 170 mm × 240 mm 1/16
印 张 6.5
字 数 100千字
版 次 2022年10月第1版 2022年10月第1次印刷
定 价 50.00元

序

饲料粮安全长期困扰着我国畜牧业发展，成为粮食安全面临的重要问题之一。在我国开启全面建设社会主义现代化国家新征程阶段，粮食安全实际上是食物安全。2017年中央农村工作会议，习近平总书记指出，老百姓的食物需求更加多样化了，这就要求我们转变观念，树立大农业观、大食物观，向耕地草原森林海洋、向植物动物微生物要热量、要蛋白，全方位多途径开发食物资源。这为我国牧草产业的发展指明了方向，必将引领我国牧草产业进入一个新的高速发展时期。

苜蓿作为世界上栽培历史最悠久、种植范围最广泛的多年生豆科植物，因其具有蛋白质含量高、适口性好、适应性强且可兼顾改良生态环境的诸多优点，而被世界公认为“牧草之王”。苜蓿是畜牧业高效、健康、可持续发展的首选草种，对于牧草产业高质量发展起着极其重要的支撑作用。

我国拥有2 000多年的苜蓿种植历史，苜蓿足迹遍布全国，东自渤海之滨，西至天山脚下，北起黑河沿岸，南抵云贵高原，甚至在世界屋脊西藏也都有苜蓿的种植。分布广泛的种植范围为我国苜蓿产业发展提供了坚实的基础，但也带来了诸多挑战，栽培制度便是其中之一。栽培制度受地理位置、气候条件影响极大，需要科技人员或生产企业相关人员通过开展大量的、长期的田间试验获得，然而受我国苜蓿产业起步较晚，相关研究投入较少的限制，栽培管理仍是苜蓿生产中的薄弱环节。值得欣慰的是，中国农业大学草业科学与技术学院已有越来越多的年轻力量加入这支任重而道远的科研队伍，他们搜集了大量的生产与文献资料，并以通俗易懂的语言编写了这本涵盖苜蓿产业发展、生理生态特征及栽培管理各环节的书籍。此书必将成为草畜企业管理人员与基层草业技术推广工作者十分喜爱的读物之一。

张英俊

2022年5月于北京

目　录

1　苜蓿的生产概况

1.1　苜蓿的起源、分布与分类

1.1.1　苜蓿的起源与传播

苜蓿（学名：*Medicago sativa* Linn）为豆科苜蓿属植物，多年生草本植物，有“牧草之王”的美名。苜蓿早在公元前7000年就得到栽培利用，主要用作饲料作物和种子。伊朗考古遗址中发现的炭化苜蓿种子足以证明苜蓿是一种古老的作物。在公元前7000年就有船航行在地中海，公元前4000年地中海东部一带海上生活呈现繁荣景象，这一切对具有极高利用价值的苜蓿推广利用起到了十分重要的促进作用。苜蓿原产于亚洲西南部，一般认为苜蓿起源于“近东中心”，即小亚细亚、外高加索、伊朗和土库曼斯坦高地。苜蓿适应在具有明显大陆性气候的地区发展，该地区具有冬季寒冷，春季迟临，夏季高温、干燥而短促，土壤pH值近中性，土壤从表层到底层石灰含量多，排水良好等特点。根据苏联学者进行的广泛系统发育研究，苜蓿有两个不同的起源中心，一个是外高加索山区，现代欧洲型苜蓿就来源于此；另一个为中亚细亚，是有史以来的灌溉农业区。

与其他作物的传播一样，苜蓿的传播主要通过航海贸易和军队入侵（苜蓿是战马的主要饲料），逐步在亚洲、欧洲、南美洲、北美洲、大洋洲和非洲传播。人类大约在8 000年之前就开始利用苜蓿。最早有关苜蓿论述则来自公元前1300年的土耳其和公元前700年的巴比伦的教科书。

苜蓿在公元前1000年被引入波斯西北部。大约在公元前490年，波斯侵略希腊时，为饲养其战马，曾经输入苜蓿并开始种植，由此传播至意大利。公元前126年，由汉武帝派往西域的使者张骞将苜蓿种子带入中国。从此，苜蓿开始在我国种植，成为我国重要的饲草。苜蓿是由罗马帝国向世界各国散布的。到1550年，苜蓿从西班牙扩展到法国，1565年到比利时和荷兰，1650年到英国，大约在1750年到德国和奥地利，1770年到瑞典，18世纪传到俄罗斯。随着苜蓿在西班牙的繁盛栽培与发展，16世纪中叶，由于美洲新大陆的发现和殖民化，许多西班牙人和葡萄牙人将种子带入秘鲁、阿根廷和智利，1775年又将苜蓿种子传入乌拉圭。西班牙向美洲殖民，曾将苜蓿输入墨西哥，然后经墨西哥及智利于19世纪中叶传入美国。苜蓿在新西兰的栽培历史记载稀少，一般认为新西兰的苜蓿大约在1800年由欧洲引进。公元前后，苜蓿也开始在北非的绿洲得到种植和生长。

1.1.2 苜蓿的分布

苜蓿主要分布于温带地区，在北半球大致呈带状分布，美国、加拿大、意大利、法国、中国和俄罗斯南部是主产区；在南半球只有某些国家和区域有较大规模的栽培，如阿根廷、智利、南非、澳大利亚、新西兰等国家。世界苜蓿种植总面积呈现先增加后降低再增加的一个趋势，20世纪60年代末，苜蓿种植面积大约3 300万hm^2，80年代中期为3 200万hm^2，90年代种植面积又开始提升。苜蓿种植面积尽管有所改变，但是苜蓿栽培面积的分布格局大体保持不变。发达国家的苜蓿种植面积普遍占有很高的比例。在荷兰，已有2/3的耕地用于种苜蓿，发展草地农业。美国现有苜蓿地960万hm^2，占世界苜蓿种植面积的33%，苜蓿干草总产量为7 094.4万t，苜蓿种植面积仅次于小麦、玉米和大豆，被称为“草黄金”。近年，整个苜蓿干草产业创造产值达150亿美元，苜蓿草产品年出口额5 000万美元以上。在世界苜蓿产业化进程中，美国、俄罗斯一直处于领先地位，其次为加拿大和法国。

1.1.3 苜蓿的分类

作为世界上最早从事苜蓿形态变异和分类研究的学者，Urban（1873）于19世纪70年代提出依据形态而进行分类的方法。基于苜蓿属内的各种形态特征，借助数量分类学方法，获得综合传统性状和新特征特性的聚类分析结果，进而提出苜蓿属内有83个种的新的分类系统。一般认为，在苜蓿亚属的识别中，荚果和种子特征具有较高的分类学价值，其他的重要特征为生长习性、寿命、器官茸毛及花序（即苞片、托叶和小花）、叶、子叶和染色体数目等。花粉粒的特征当中由于存在差异，常作为区分许多品种和相关属的一个标准。以苜蓿营养体和荚果的性状等共75个性状特征为基础，通过数量分类分析，苜蓿属内有12个种类组合。

长期以来关于苜蓿种的归属一直存在纷争，这主要与苜蓿分类研究范围和方法的局限性有关。据《中国种子植物科属词典》（1982年修订版）记载苜蓿属植物有16种，而《中国苜蓿》记载我国国产苜蓿有12种，3变种，6变型。20世纪50年代以来，我国学者对苜蓿种质提出许多分类方案和方法，主要包括生物学特性、地理学和生态学分类。

生物学特性分类主要是基于苜蓿的生育期长短和生长特性等进行。依据返青期、开花和成熟等不同生育期的时间长短，苜蓿可划分为早熟、中熟、中晚熟和晚熟品种四大类。依据花的颜色、株高、茎数、青草产量和种子质量等，苜蓿可分为5个类型，主要包括新疆大叶苜蓿、关中苜蓿、华北苜蓿、东北苜蓿和高寒干旱地区苜蓿。其中，新疆苜蓿可分为大叶苜蓿、中叶苜蓿和小叶苜蓿。

根据地理行政区分布，苜蓿可划分为关中苜蓿、陇东苜蓿、陇中苜蓿、河西苜蓿、陕北苜蓿、新疆大叶苜蓿和新疆小叶苜蓿。根据栽培区的地理生态特征，苜蓿可划分为东北平原生态型、汾渭流域生态型、黄土高原及长江沿线生态型、北疆寒地生态型、南疆沙漠绿洲生态型和长江流域生态型。

截至2015年6月，我国已通过全国草品种审定委员会审定登记的苜蓿品种有80个，其中育成品种37个、地方品种20个、引进品种18个、野生驯化品种5个。其中东北苜蓿种植区适宜种植的品种主要包括公农系列苜蓿、肇东苜蓿、龙牧801号苜蓿和龙牧803苜蓿等；内蒙古高原苜蓿种植区适宜种植的品种包括草原1号、草原2号、草原3号、敖汉苜蓿、准格尔苜蓿和蔚县苜蓿等；黄淮海苜蓿种植区适宜种植的品种主要有中苜系列苜蓿、无棣苜蓿、沧州苜蓿和淮阴苜蓿等；黄土高原苜蓿种植区适宜种植的苜蓿品种包括甘农3号、甘农2号、甘农1号、晋南苜蓿、偏关苜蓿和陇中苜蓿等；青藏高原苜蓿种植区适宜种植的品种主要有草原3号、甘农1号和黄花苜蓿等；新疆苜蓿种植区适宜种植的品种包括新疆大叶苜蓿、北疆苜蓿、新牧1号杂花苜蓿、新牧3号杂花苜蓿和阿勒泰杂花苜蓿等。

1.2 苜蓿的饲用价值与生态功能

苜蓿是一种多年生豆科草本植物，其干草含粗蛋白18%～26%，矿物质、维生素含量也很丰富，具有较强的生产功能。苜蓿因根系发达还是保土肥田、固土护坡的理想植物，具有强大的生态功能。此外，在现代牧区发展中，苜蓿作为人工种草的重要种类之一，在促进草畜平衡、保护天然草地资源中扮演着重要角色。

1.2.1 苜蓿饲用价值

苜蓿是饲用价值最高的牧草。苜蓿含有动物生长发育必需的营养成分、氨基酸、矿物质、各种维生素等，不仅是食草家畜的主要优质饲草，也是猪和鱼等配合饲料中重要的蛋白质、矿物质和纤维素补充饲料。

在所有牧草中，苜蓿是含有可消化蛋白质最高的牧草之一。研究发现，现蕾末期至开花期刈割的苜蓿干草的蛋白质含量在16%以上，刈割较晚的苜蓿干草的蛋白质含量仅为12%～15%，蛋白质消化率达70%以上。各种畜禽都喜食，每千克优质苜蓿草粉相当于0.5 kg精料的营养价值。

苜蓿是反刍动物，尤其是奶牛饲养中必不可少的，是其增长体重和产奶等所必需的。通过对苜蓿干草在高产奶牛日粮中适宜添加量进行研究，发现奶牛日粮中添加9 kg苜蓿干草可以大幅提高经济效益。苜蓿饲喂肉牛，牛体重增长快、肉质好、效益高。苜蓿饲喂羊时，将干草加工成草粉饲喂效果更好。与饲喂其他牧草相比，家畜饲喂苜蓿增重更快、产奶更多、体况更好。

1.2.2 苜蓿生态功能

苜蓿作为多年生豆科植物，其根系深且与根瘤菌（Rhizobium）结合共生，形成高效的生物固氮体系，是陆地生态系统氮素循环数量增加的重要来源。苜蓿能够与根瘤菌通过互惠共生关系将空气中的氮气转化为供宿主植物直接利用的氮素形式，满足植物生长发育需要。因此，有效利用生物固氮对减少农业生产成本、促进农业可持续发展与保护生态环境具有重要意义。苜蓿每年每公顷可固定空气中的氮200～250 kg。苜蓿根瘤菌是豆科牧草根瘤菌的一种，是根瘤菌科7个已命名的根瘤菌接种族之一，对寄主有较强专一性。苜蓿根瘤菌通过侵染苜蓿根部细胞，在其内迅速增殖，可产生根瘤类菌体。1亩[①]优质高产苜蓿提供的蛋白相当于2亩大豆。根据有关研究表明，一般草田轮作一个周期（3～5年），固氮增加100～150 kg/hm^2，化肥用量减少1/3以上，节水10%～15%，减少水土流失70%～80%，粮食产量提高10%～18%。

苜蓿通过光合作用，把大气中的二氧化碳固定到植物体内，然后通过枯枝落叶和根系分泌物将更多的碳传输到地下土壤中，因此可以提高土壤有机质含量，进而培肥地力。种植豆科牧草可以使土壤有机质含量提高20%左右。苜蓿株丛密集，茎叶繁茂，覆盖度高，能有效避免暴雨直接打击地面造成水土流失。苜蓿根系发达，穿透能力强，可疏松土壤，增强水分渗透，减少地面径流。苜蓿草地，特别是苜蓿与禾本科牧草的混播草地，可提高50%～60%土壤团粒结构，起到防风固沙的作用。苜蓿对于土壤有一定的改良作用，是改良盐碱地的首选作物，种植和翻压苜蓿，植

---

① 1亩≈667 m^2，15亩=1 hm^2，全书同。

物体在微生物作用下分解，产生各种有机酸，对土壤碱度起一定的中和作用，同时对白浆土、漠土和风沙土也有一定的改良作用。在黄河流域、草原等生态保护重点区域发展人工种草，可以减少水土流失，遏制草原退化、沙化、盐碱化趋势，使草原得到休养生息。在盐碱地、滩涂上种植耐盐碱饲草品种，不仅增加饲草供应，还能改良土质。

苜蓿是改良退化草地的先锋植物，是退牧还草的支柱性饲草，也是重建草地的首选牧草。草原退化会引起生物多样性减少、草原沙化加剧等。已有研究发现，在退化草原补播苜蓿，可减少一年生杂草和有毒有害植物数量，增加优质牧草产量，同时改善牧草质量，明显提高牧草的蛋白质含量。此外，苜蓿种植也可起到美化环境，改善景观的作用，成为野生动物的避难所。

1.3 我国苜蓿生产现状

作为我国栽培历史最悠久的牧草之一，苜蓿距今有2 000多年的栽培历史，也是分布面积最广的优良牧草之一，其种质资源极为丰富。在历史的长河中，苜蓿对我国畜牧业的发展做出过重要的贡献。其分布非常广泛，全国各地均有栽培，东自渤海之滨，西至天山脚下，北起黑河沿岸，南抵云贵高原，甚至在世界屋脊的西藏，都有苜蓿种植。

我国苜蓿种植地区以西北、华北、东北为主，2008年以来，在各地政府支持及奶牛养殖企业投资带动下，中国逐渐形成甘肃河西走廊，宁夏黄河灌区，内蒙古赤峰、通辽，鄂尔多斯高原，甘宁黄土高原，陕北榆林，山东东营及河北沧州沿海地区等适宜苜蓿生长的多个苜蓿商品草的集群产业基地。全国以甘肃省种植面积最大，为37.3万hm^2。陕西、新疆、内蒙古和宁夏种植面积都在14万hm^2以上。1992—2008年，我国苜蓿为净出口国；2008—2016年，我国逐渐由苜蓿净出口国转变为净进口国。进入20世纪90年代以来，进口苜蓿产品的基本组成为：草颗粒30%，草块30%，草捆40%，且草捆进口量呈上升态势。韩国、新加坡、中国香港与中国台湾等国家和地区的苜蓿进口规模也呈增加态势。

最近十余年来，我国居民对牛羊肉和奶类的需求持续快速增长，未来10年依然呈现强劲需求趋势。初步测算，要确保我国牛羊肉和奶源自给率的发展目标，优质饲草的需求总量将超过1.2亿t，目前尚有近5 000万t的缺口，每年进口苜蓿、燕麦草等优质饲草200多万t。欧美等发达国家饲用草产业十分发达，美国20世纪50年代就将苜蓿列入战略物资名录，年种植面积仅次于玉米、大豆、小麦，年产值110亿美元，对奶业贡献率38%。新西兰动物饲料近100%来自饲草，美国大约占到70%，而中国只有不到10%，其余依靠谷物来支撑。此外，澳大利亚燕麦草产业、加拿大猫尾草产业、西班牙烘干苜蓿产业等都形成了优势产业。而我国饲草产业规模小、产业散、技术弱，迫切需要提升饲草产业发展能力。

当前，我国苜蓿种植主要有3种形式：一是家庭小面积种植自产自用；二是生态工程中的植被建设；三是商品生产。其中，用于苜蓿干草生产的面积约35.87万hm^2，理论干草产量约359万t，实际进入交易的销售量为143万t。

我国苜蓿产业经历4个发展阶段：一是平稳稳定阶段，20世纪90年代中期以前，我国苜蓿没有形成产业，没有作为商品流通，属于小农经营、自种自用的阶段。二是急速发展阶段，20世纪90年代末至21世纪初，苜蓿种植面积激增，2004年达到387万hm^2。三是低迷徘徊阶段，2004—2007年，苜蓿种植面积徘徊在373万～380万hm^2，商品草产量全国不足20万t。四是振兴上升阶段，由于“三鹿婴儿奶粉”事件的影响，苜蓿生产经营者、奶牛养殖业者等清楚意识到了苜蓿在牛奶安全生产发展中的关键地位和作用，而且美国高质量苜蓿开始进入中国养殖业市场，苜蓿生产者重拾苜蓿种植的积极性。2008年至今，商品草生产能力得到极大提升，品质成为重要追求目标，苜蓿产业回到理性的轨道。

1.4 我国苜蓿生产面临的问题

一是政府缺乏必要的宏观调控。我国苜蓿产业曾在1999—2003年发展较快，初步形成了苜蓿种植、收获、加工和销售为一体的现代牧草产业化体系。然而，到了2004年，全国范围开始推行粮食直补政策，挤压了苜蓿产业的发展，出现了“毁草种粮”的现象。

二是标准化生产滞后制约苜蓿的质量。苜蓿产业的持续健康发展离不开行业的标准、规范来约束和指导科学生产。目前我国部分区域对苜蓿种子、苜蓿草产品加工等制定相应的标准，对苜蓿生产环节的施肥、培土、收割、烘干（晾晒）、贮藏等制定了具体的操作规程，但其它区域乃至全国尚需制定苜蓿种、管、收等的统一标准。

三是苜蓿收割、贮存等手段落后。目前国产牧草设备仍满足不了优质牧草的生产需要，先进的牧草生产机械仍然依赖进口，价格偏高，一些企业自身资金能力有限，无法承受，牧草收割过程无法严格按相应的标准要求执行，致使牧草品质下降。我国割草机、搂草机保有量仅为美国的1%，打捆机保有量仅为美国的0.1%。草业精深加工不足，产业附加值低。美国饲草精深加工业产值达到近30亿美元，我国在此领域几乎空白。目前种植苜蓿的地区大多为经济落后地区，苜蓿的产后收贮机械化水平不高，导致苜蓿草收割不及时，霉变、发黄的现象经常发生，失去了其应有的营养价值，甚至对牲畜造成毒害。小规模分散种植同样制约了苜蓿草栽培、收获、加工的机械化作业。

四是苜蓿收购价格的剧烈波动挫伤农民的积极性。大型苜蓿产品加工企业，其目标市场主要瞄准日本、韩国和东南亚国家，苜蓿的价格高低主要决定于这些国家经济状况的好坏和对苜蓿产品需求量的多少，同样也决定于这些国家的贸易政策。并且，国内由于畜禽产品的优质优化机制和监管环境还很不成熟，养殖户更愿意使用低价质次的劣质饲草料，而基本不饲用苜蓿。

五是苜蓿制种滞后制约生产发展。我国已建成保存牧草种质资源的低温长期库、中期库和常温短期库，保存了包括地方品种、选育品种、引进品种和野生种等苜蓿种质资源，但搜集和入库保存的苜蓿种质数量较少，使得苜蓿育种工作有一定的局限性。

1.5 我国苜蓿产业的发展前景与策略

1.5.1 苜蓿产业发展前景

1.5.1.1 苜蓿需求量较大

我国草食畜禽饲草需求量约5.5亿t/年，天然草地与人工草地生产牧草3.7亿t/年，缺口约1.8亿t/年。年产商品草7 000万t，但优质商品草仅280万t，80%为3级或以下。苜蓿是奶产业提升的关键环节，奶业的发展对优质牧草年需求量达2 000万t，用于配合饲料的饲草约需要1 000万t。

1.5.1.2 苜蓿效益可观

根据当前调研数据来看，在不补贴的情况下，种植苜蓿每亩纯收益为700～1 000元，高于小麦和玉米（表1-1）。奶农用苜蓿代替部分精料可获得更高的综合效益。根据专家试验测算，在我国目前的现状下，以苜蓿代替部分精料，每头奶牛每年可新增纯收益2 420元。新增纯收益计算公式如下。

新增纯收益720元（日增产15 kg）+0.2元/kg（价格提高）×7 000 kg+300元（节省的疫病防治费）。

表1-1 种植苜蓿与小麦和玉米的经济效益比较

项目	苜蓿1	苜蓿2	小麦	玉米
投入费用				
种子（元/亩）	24	24	20	16
耕地及播种（元/亩）	40	40	60	90
农药及打药人工（元/亩）	10	10	10	10
浇水及浇水人工（元/亩）	15	15	10	8
地膜（元/亩）	0	0	0	0
肥料及施肥人工（元/亩）	10	10	10	10

（续表）

项目	苜蓿1	苜蓿2	小麦	玉米
收割（元/亩）	50	50	60	70
投入合计	149	149	170	204
产量（kg/亩）	1 200	800	310	434
单价（元/kg）	1.2～1.6	1.2～1.6	1.9	1.9
收入				
毛收入（元/亩）	1 440～1 920	960～1 280	589	824.6
纯收入（元/亩）	2 191～1 771	811～1 131	419	620.6

1.5.1.3 苜蓿不与粮食作物争地

种植苜蓿不易改变耕地利用方式，不会与粮食作物大量争地。当前苜蓿种植以盐碱地、退耕地、低产田、农闲地、荒坡荒滩等为主。测算结果显示，饲喂优质苜蓿，每头奶牛每天可以减少3kg的精料，一年下来，相当于2亩地的粮食产出，而生产这些苜蓿只需1亩地。

1.5.1.4 国家出台相关政策支持

近年来国家大力加强对草业发展的引导，苜蓿产业作为草产业的支柱产业，已经成为草业发展的重中之重。2012年国家启动了“振兴奶业苜蓿发展行动”；2013年，农业部办公厅和财政部办公厅为配合实施此行动，指导各地做好高产优质苜蓿示范片区建设，制定了《2013年高产优质苜蓿示范建设项目实施指导意见》，对涉草单位给予了一定的补贴；2014年继续实施“振兴奶业苜蓿发展行动”，一系列惠农政策的实施，给苜蓿产业的发展和苜蓿育种工作带来了前所未有的发展机遇。2018年，国务院办公厅印发《关于推进奶业振兴保障乳品质量安全的意见》再次提出，力争到2020年优质苜蓿自给率达到80%。2022年，农业农村部印发了《“十四五”全国饲草产业发展规划》对发展饲草产业进行了部署，凸显了国家对发展饲草产业的重视和支持。

1.5.2 苜蓿产业发展策略

针对我国苜蓿产业的现状和国内外发展趋势，我国苜蓿产业要坚持做大做强的导向，努力将其发展成为促进农村经济发展的产业。为此，可以从以下几个方面重点考虑相关工作。

1.5.2.1 充分认识发展饲草产业的重要作用

我国是畜牧业生产大国，饲养着占全世界1/2的猪、1/3的家禽、1/5的羊、1/11的牛，畜牧业生产规模居世界前列。我国的草原占地面积广，为发展草原畜牧业提供了有利的自然环境，并且草原除了可以产生经济效益外，也具有防风固沙和维护生物多样性的作用，因此，应该采取各种措施，促进草原畜牧业的发展。我国的畜牧业主要分布在西部和北部，对我国经济的发展有非常重要的推动作用（田莉，2022）。

1.5.2.2 树立“饲草就是粮食”的大粮食理念

任继周院士几年前就提出：我国应科学发展营养体草地农业。根据研究测算，同样的水土资源，如果生产优质饲草，可收获能量比谷物多3～5倍，蛋白质比谷物多4～8倍。当前，我国粮食安全的主要压力在饲料粮，促进饲料粮减量的一个重要渠道就是增加饲草供应，减少牛羊养殖消耗精饲料的用量。2021年，全国粮改饲完成面积2 000万亩以上，收贮优质饲草5 500万t，牛羊养殖减用玉米和豆粕720万t，相当于减少了2 600万亩的玉米、大豆种植需求，节约耕地600万亩，实现了化草为粮的效果。将苜蓿产业发展规划纳入行业种植体系和发展规划之中，做好苜蓿产业总体发展规划和区域布局，依据规划和布局进行技术体系的组建和经济支持，要像种粮食一样种植苜蓿，促进苜蓿产业真正成为优质高效安全的新型产业（杨富裕，2020）。

1.5.2.3 加大饲草产业科技攻关支持力度

针对不同生态分布区，育种工作者要有针对性地育种，培育高产、优质、多抗的苜蓿新品种，实现苜蓿产品的多元化。为了拓宽苜蓿遗传基础，应通过种间杂交转移野生的抗性基因，通过常规育种技术与现代育种技术相结合，包括诱变育种技术获得优良变异材料，生物技术获得转基因植株等，创造优异苜蓿种质材料，同时应建立和完善苜蓿种质资源的保护体系、育种体系和良种繁育体系。

2 苜蓿的生长发育特性

2.1 苜蓿根和根颈

作为植物吸收营养的重要器官，根系在养分代谢中起着吸收、合成、分泌和转化等作用，也有贮存的功能。苜蓿根系组成分主根和侧根两部分，侧根主要集中在0～20 cm土层间，根系生物量、主根直径整体上表现为从土壤表层到深层递减。主根是由胚根发育形成的，它是整个苜蓿根系在土壤中分布的轴心；侧根则是由主根产生的分支，在主根上生长出的根称为一级侧根，一级侧根几乎和主根是垂直的，向四方扩展伸长生长，一级侧根上又可以产生二级侧根，苜蓿的根还可以形成三级的侧根。

苜蓿根系包括直根系、分枝根、根颈型和根蘖型4种类型。直根系苜蓿，主根垂直向下，并在一定距离处长出侧根；但其根颈突出且相对较窄；分枝根苜蓿，根颈的特点是粗大而斜生，根颈会发出若干个主根；根颈型苜蓿，此类苜蓿的根颈离地表相对较远，并从主根的中轴发育出类似于根状的颈。这些根状颈能超出一般侧根的长度，并萌发出营养枝；根蘖型苜蓿，这类苜蓿的特点是具有垂直而粗壮的主根，在主根上还能发出大量的水平根，集中分布于地下10～20 cm处且具有距离不等的膨大部位，即根蘖节，这些根蘖节上能形成新芽从而长出地面形成苜蓿新的枝条，当主根死亡以后，能形成许多独立的植株。

根颈是苜蓿接近地面的根冠部，是指子叶节至地上3 cm的部分，由幼苗的节部收缩生长而成。作为连接植物茎部和根部的过渡结构，根颈非单一的形态结构，是一个根围组织，既包括多年生茎，也包括根的上部组织。苜蓿根颈上能形成大量的芽，可生长成地上部茎枝，也是越冬芽着生的部位。同时，根颈也是苜蓿产生枝条的重要部位，直接影响着苜蓿的生产性能和可持续利用，如苜蓿的耐寒性、抗旱性、再生性和抗病虫害等都与其密切相关。

根系生长受到土壤质地、土壤养分和种植年限等因素的影响。与其他土壤类型相比，沙土具有结构松散和保水、保肥性能差等特点，深土层难以满足苜蓿根系的水肥需求，根系主要分布在浅土层。主根变短、侧根数量增加是苜蓿根系应对环境因子的机制反馈，有利于扩大苜蓿根系的总体积和总表面积，获取土壤中更多的水分和养分，从而增加作物产量，获得更优质牧草。与施用磷肥相比，不施用磷肥会增加苜蓿侧根数和根芽数，缩短主根长。随着种植年限的增加，地下生物量逐渐降低，苜蓿根系主要分布在土壤上层，地下深处营养物质较少，根系少向地下深处生长，导致部分根系在冬季被冻死、腐烂，从而使地下生物量随着生长年限的增长而降低。

2.2 苜蓿茎

苜蓿茎的颜色一般为绿色，有的品种呈现紫色或淡紫色等。苜蓿茎的外形近圆柱形，上部嫩茎稍带四棱形，有白色茸毛。苜蓿的茎包括主茎和分枝。主茎指从根颈部位直接抽出土面的茎枝，分枝指从主茎枝条的叶腋间抽出的枝条，分枝一般可达3级以上。茎由节和节间组成。主茎的节数为17～29节，一般与苜蓿的生育期长短呈正比。苜蓿枝条高度一般为50～120 cm，其不同部位的节间长度也不一样，枝条上部和下部节间短，中间节间长。节间长度与苜蓿品种及其栽培条件有关。节间长度越长，叶片数量越少，苜蓿产量越低。

植株高度既是衡量其生长发育状况的重要标准，也是反映其产量高低较为理想的一个特征量。苜蓿的株高在整个生育期内的动态变化为“缓慢生长—快速生长—缓慢生长”，呈“S”形曲线。株高在返青期和分枝期前期缓慢增加；在分枝期后期和现蕾期，苜蓿的株高变化最快；在开花期苜蓿的生长已到达整个生育期的顶峰阶段，株高在该生育阶段达到最大。这种特性是由牧草的生物学特性决定的，是牧草平均经济产量的形成规律。

茎粗可以表明苜蓿植株发育健壮，也是其他性状的综合反映。茎粗和株高、分枝、单叶面积呈正相关，因而与生物量的关系十分密切。分枝数可以反映植株的生长发育状况，分枝数的多少和苜蓿的生物量积累状况呈正相关。分枝数越多，生物产量就越高。苜蓿在返青一段时间以后，开始进入快速增长，苜蓿的快速生长往往以分枝出现为标志。株高、分枝数、茎粗和叶面积与牧草生物量呈正相关，是牧草高产的4个主要性状指标。苜蓿植株在生育期内的生长过程，是苜蓿植株不断地进行同化作用积累有机光合产物的过程。苜蓿植株同化作用的内在本质是生物量的积累，外在表现是各相关性状数值上的增加。

苜蓿茎尖由胚芽分化而成，包括分生区、伸长区和成熟区3个部分。苜蓿茎的初生构造是茎尖分生区的顶端生长点，通过细胞分裂分化而成。初生构造包括表皮、皮层和中柱三部分。次生构造出现在初生构造形成不久后，包括表皮、皮层、次生韧皮部、形成层和次生木质部组成。苜蓿茎具有很强的再生能力，可利用枝条扦插进行繁殖。

2.3　苜蓿叶片

苜蓿叶片具有吸收光能和合成干物质的能力，是苜蓿的同化器官，其生长直接影响到光合面积及其对光能的利用。叶片大小与数量均会影响苜蓿的生物量。苜蓿叶片包括子叶、真叶和复叶三部分。子叶指苜蓿顶土出苗时首先露出地面的叶片，是一对无柄、无托叶的长卵形单叶，背面中部下凹，呈瓢状。子叶出土见光后，颜色变绿，可进行光合作用。子叶通常靠近地面，离地面的高度受栽培条件的影响。真叶由子叶上部长出来的一片单叶，形状为桃形，表面有茸毛。在真叶叶柄的基部有披针形的托叶，其尖端尖锐，下部与叶柄合生。复叶指在真叶之后长出来的叶，有叶片、叶柄和托叶三部分。苜蓿叶片一般由3个小叶组成，中间一个略大，两侧稍小。叶柄有主叶柄和小叶叶柄。托叶位于主叶柄和茎相连处，贴生在叶柄的基部，其下部与叶柄合生，有保护腋芽的作用，性状为披针形，先端尖锐。

叶片是植物暴露在空气中的最大器官，在长期外界生态因素的影响下，叶在形态构造上的变异性和可塑性也最大。叶片的形态结构与品种有关，并且受到一些因素的影响。叶由上表皮、下表皮、栅栏组织、维管束和海绵组织组成。上表皮和下表皮包围叶片的表面，由一层无色透明的表皮细胞构成，具有保护作用。上表皮和下表皮之间的绿色部分为叶肉。苜蓿叶柄最外面是表皮，其下面是皮层，有厚角质组织，具有支撑作用。不同品种苜蓿叶片的上表皮均有蜡质覆盖，叶片表面蜡质出现线状、螺旋桨状、垂直片状、网状和棒状5种形态。通过扫描电镜观察叶片，发现气孔的开度和密度及表皮毛的长度和密度、蜡质的分布与苜蓿的抗旱性强弱存在一定的相关性。

2.4　苜蓿花和荚果

作为植物的生殖器官，花行使着为植物繁衍子代的能力，一般情况下是植物器官中获取和消耗物质能量的器官。苜蓿的花序为簇生总状花序，着生在茎的叶腋间，其基部较宽，顶部较窄，具有较长的花梗，一般长为4 cm左右。紫花苜蓿每序有小花16～24朵，但个别也有达30朵以上；黄花苜蓿每序有小花22～30朵，平均26朵。每个花序上的小花，依序由下向上开放。从第一朵开放到最后一朵开完，所需时间紫花苜蓿是4～6 d，黄花苜蓿则需6～7 d，但都以前3 d开放较多（紫花苜蓿为25%～30%，黄花苜蓿为20.1%）。

苜蓿的花序由叶脉抽出，当年播种的苜蓿通常是主茎上的花序先开，接着是基部第一个分枝的主枝的花序，然后再按分枝形成的先后，依序逐渐开放。生长第2年的苜蓿，没有主茎，通常是根茎部长出的一级分枝的花序先开，然后也按分枝形成的先后开放。不论是主茎、分枝或侧枝，都是基部的花序先开，再依序由下而上逐渐开放。每个主茎上和大分枝上着生的花序数目不等，二年生的花序数目多于当年生的，土壤水肥条件好的又明显地多于水肥条件差的。同一茎枝上相邻花序开花始期，间隔时间为1 ~ 5 d，一般为2 ~ 3 d。

苜蓿的花由苞片、花萼、花冠、雄蕊和雌蕊构成。苞片位于每朵小花的基部，细长而尖。花萼筒状，5裂，裂片针状三角形。花冠蝶形，有花瓣5片，花瓣长成后比苞片长而大。雄蕊10枚，9枚联成管状包围雌蕊，另1枚单独分开。雌蕊在雄蕊的中央，柱状球形，表面着生很多茸毛。小花首先形成花蕾，随后花蕾逐渐生长、分化、开放，直至旗瓣向上翻转。整个过程可按花蕾的发育状态划分为5个时期：第一，花瓣全为花萼所包裹；第二，花瓣已在花萼裂片间出现，但长度尚未超过苞片；第三，花瓣长度已超过花萼2 mm以上，但龙骨瓣仍被旗瓣所包裹；第四，龙骨瓣已经旗瓣腹面出现，旗瓣尚未向上翻转；第五，小花开放，旗瓣向上翻转，龙骨瓣已由翼瓣之间露出。

苜蓿开花的最适温度范围为22 ~ 27 ℃，其开花习性表现为一日内开花动态主要受气温和湿度的影响，在气温低于15 ℃，相对湿度高于70%时，一般不开花或少开花。当温度达到30 ℃左右时，龙骨瓣常能自行开放。平均气温低于12 ℃时苜蓿不开花，开花至种子成熟不低于14 ~ 15 ℃。现蕾至开花期则需较高的温度，以20 ~ 28 ℃较为适宜。当温度超过36 ℃或低于3 ℃时，则停止生长。

苜蓿荚果是由胚珠受精后子房发育而成，其形态与品种有关，是种属特征最为明显的部分。单从外形看，苜蓿属中有一半的种都可被鉴别。紫花苜蓿果实为螺旋形荚果，2 ~ 4回螺旋，每荚有种子2 ~ 8粒。荚壳由两片组成，种子着生在腹缝线，成熟时背缝线可以开裂。荚果中的种子粒数与品种和栽培条件有直接关系，同时，位于不同植株部位和花序部位的荚果，其所含的种子数量不同。

2.5 苜蓿种子

苜蓿种子多为肾脏形状，由种皮、子叶和胚构成。种皮是由珠被发育而成，对种子有保护作用。在种皮的内侧中间部位有种脐，是种子成熟时与荚果脱离后遗留的痕迹。苜蓿种皮最外层是排列紧密的栅栏细胞。苜蓿种子的胚由胚根、胚轴、胚芽和两片子叶组成。胚根发育成主根，胚将形成地上部分的茎叶。胚轴上连胚芽，下接胚根。两片子叶贮藏的营养物质供给种子萌发和幼苗生长期的需要。

种子萌发时首先吸水膨胀，吸水量为种子干重的85%～95%。种子吸水膨胀后，呼吸作用加强，在温度、氧气等适宜的条件下，子叶内的贮藏物质很快分解，胚根和胚芽的顶端分生组织细胞进行旺盛的分裂，不断产生新的细胞，促使种子发芽。萌发时，先是胚根突破种皮露出种子之外，而后胚芽生长。下胚轴呈钩状伸出土面，并继续伸长把子叶顶出地面，使子叶逐渐展开。见光之后，子叶开始进行光合作用。子叶是幼苗最先进行光合作用的器官，供给幼苗早期生长所需的营养物质。如果子叶受到损伤，将大大影响幼苗的生长，其影响可以延续5个月之久。因此，高质量的种子是田间获得健壮幼苗的重要保证。

苜蓿种子萌发的最适温度为25 ℃。据观察，在北京地区6月播种后3d，子叶即露出地面并展开，根长已达4.15 cm。出苗的时间因地区和播种时期不同而有明显差异。春播，气温低且土壤干旱，使得出苗困难，播种至出苗时间长达11～23 d。夏播，气温高且雨量多，出苗快而整齐，只需4～6 d。

种子的硬实性是指由于种皮的不透水性，不能吸水膨胀，而处在干燥坚实的状态不能萌发的休眠特性。苜蓿种子的硬实很常见，一般硬实率在10%～20%。硬实种子对外界环境条件具有很强的抵抗能力。在盐碱地上收获的苜蓿种子硬实率可以达到50%以上。苜蓿种子硬实率与种子成熟期、气温、水分等因素有直接关系。同时，种子硬实具有一定的遗传性。因此，不同品种苜蓿种子的硬实率不同。通过擦破种皮、变温浸种、寄籽播种等方法可以有效地打破苜蓿种子硬实。

2.6 苜蓿生长发育规律

苜蓿为多年生植物，第1年以后就不再重新播种，一般生长的第2年达到正常生长，第3、4年产量达到高峰，管理得当利用年限可达10多年。按照苜蓿的生长发育顺序主要分为出苗期、返青期、分枝期、现蕾期、开花期和成熟期。

出苗期：在水热条件适宜时，苜蓿播后1周左右就开始出苗，当80%的幼苗破土而出时，这个时期就称为出苗期。

返青期：苜蓿为多年生植物在以后每年，随着春季气温的回升，植株开始出芽、生长，这个时期称为返青期。

分枝期：苜蓿在出苗或返青后，经过一段时间的生长，根颈部开始长出新的枝条，这个时期为苜蓿的分枝期。一般苜蓿出苗后30～35 d，返青后10～15 d即进入分枝期。

现蕾期：苜蓿80%以上的枝条出现花蕾。从分枝到现蕾约24 d。现蕾期植株生长最快，每天株高增长1～2 cm。

开花期：又分初花期和盛花期。苜蓿现蕾后20～30 d开花，开花期可延续40～60 d。当约有20%的小花开花时，这个时期就是苜蓿的初花期。当约有80%的小花开放时，称盛花期。开花期植株生物量达最高值，从产草量和质量角度考虑，初花期是收获干草的最佳时期。

成熟期：开花后经过传粉、受精，30 d后种子陆续成熟，当全株约80%的荚果变为褐色时，此时为苜蓿的成熟期。

3 苜蓿栽培环境

作物的生长发育和产量形成除与品种遗传特性和栽培措施有关之外，还受到环境因子的影响，主要是光照、温度和水分、土壤，苜蓿也不例外。

3.1 光照

遮阴是使植物产生光量子密度限制的环境或者人为因子。一般而言，遮阴是指植物在足够长的时间内生活在非饱和光量子密度条件下。遮阴可以是永久性的、季节性的，也可以是不规则的。牧草的生长发育期恰逢树木郁闭度高的阶段，所以发展林间种草，遮阴是牧草生长过程中要克服的重要生态条件，而牧草大部分为喜光植物，降低太阳辐射，对牧草生长及产量就会产生影响。随着我国植树造林规模的日渐扩大，林间空地种植苜蓿的潜力已初显，国家以生态学规律为指导，推进树下种草、林草结合和林草畜一体化的生产模式，不仅提高了自然资源利用率，而且还增加了牧草和畜禽养殖的收益。林间种草，是实现牧草种植业可持续发展的重要途径之一。因此，研究遮阴条件下牧草生长发育特征对林间种草具有重要的指导意义。故学者们结合生产实际，研究遮阴对苜蓿生长发育的影响，为高产优质苜蓿的生产的可持续发展提供理论与技术依据。

叶绿素是植物的光合色素，具有吸收和传递光量子的功能。从遮阴强度来看，遮阴处理对苜蓿叶绿素a的影响并没有呈现一定的规律。只有叶绿素a的含量随着遮阴强度的增大而减少。叶绿素a/b值也是衡量植物耐阴性的重要指标，随着遮阴强度的增大，叶绿素a/b值均呈减小趋势。叶绿素a/b值的降低也可能是植物对遮阴逆境下的适应。植物叶片中的叶绿素含量既取决于植物的遗传特性，又取决于其立地条件。苜蓿为长日照植物，喜光照，耐阴性差，若苗期光照不足，生长细弱，甚至死亡。营养生长期光照充足，干物质积累快，花蕾期光照充足，花量大，授粉好，结实多而饱满。苜蓿生育期需2 200 h日照，特别是在种子成熟期，应有充足的长日照条件。在其他条件满足的情况下。苜蓿产草量的高低决定于总辐射量的大小。

3.2　温度

温度是植物生长的最基本也是最重要的条件之一，影响作物整个生命周期的各个发育阶段，种子萌发、幼苗的营养生长、生殖生长至成熟和休眠，所有的生理过程都是在一定的温度范围内进行。植物的光合作用、呼吸作用、物质的转移和运输及其对水分的利用等一切生理活动、生化反应都要求一定的温度条件。

苜蓿是喜温作物，对温度反应敏感。我国主要栽培区是在北纬35°~45°，年平均气温5~12 ℃，≥0 ℃积温2 700~5 000 ℃·d，≥10 ℃积温1 700~4 500 ℃·d。苜蓿所需的适宜温度，因生态型或栽培品种的不同而异，抗寒性强的品种也可在年平均气温低于5 ℃的地区生长。

苜蓿在日平均气温未稳定通过0 ℃时不能萌动返青，当温度≥3 ℃，根颈开始吸水萌动。一般以5 ℃作为苜蓿生长的临界起始温度，当秋季日平均气温低于5 ℃时，开始停止生长逐渐进入休眠；在春季日平均气温升到5 ℃时，苜蓿开始返青，标志着苜蓿生长发育活动开始。目前在苜蓿生理模式中大多数也使用5 ℃作为临界温度值。苜蓿不耐高温，当气温高于30 ℃，苜蓿生长受阻；高于35 ℃时，植株枯黄萎蔫甚至死亡。一般情况下35 ℃是苜蓿生长发育的最高温度。

各生育阶段对温度的要求不同。苗期是苜蓿生长发育的敏感时期，其中温度是影响幼苗出土的主要因素。幼苗生长和发育的适宜气温为25 ℃，当白天平均气温和地温接近25 ℃时，幼苗出土最快；地温和气温低于10 ℃或高于35 ℃时，幼苗出土和生长发育降至最低程度。苜蓿一般在出苗30～40 d后，或返青10～15 d后一直到现蕾期，进行营养生长，为旺盛生长期。主要表现为叶片增大增多，节间伸长，植株增高，主茎上叶腋内的叶芽不断形成分枝而成为株丛。苜蓿叶量占植株重量的50%～60%，但苜蓿的干重还没有达到最高值。此时，温暖而干旱的气候条件会降低苜蓿茎枝的高度，主要是苜蓿的节间伸长受到影响。

高光强和冷凉气温是苜蓿叶片生长发育和长寿的最适环境条件。分枝期后20～25 d，苜蓿的花芽分化形成花蕾，苜蓿由营养生长转入生殖生长，此时植株生长最快，是水肥供应的临界时期。现蕾后20～30 d开花，春播苜蓿出苗至开花需60～70 d。苜蓿花期较长，一般为30～45 d，盛花期植株地上生物量达到最高值。开花最适温度范围为22～27 ℃，其开花习性表现为一日内开花动态主要受气温和湿度的影响，在气温低于15 ℃，相对湿度高于70%时，一般不开花或少开花。当温度达到30 ℃左右时，龙骨瓣常能自行开放。苏联学者斯米尔诺夫的研究表明，平均气温低于12 ℃时苜蓿不开花，开花至种子成熟不低于14～15 ℃。

苜蓿生长发育各阶段除了所需的适宜温度范围外，积温也必须满足各生育阶段生长发育的要求。有研究表明，以5 ℃和35 ℃为苜蓿生长发育的最低和最高温度，播种至出苗的有效积温为51 ℃·d，出苗至开花的有效积温为1 225 ℃·d，开花至种子成熟的有效积温为718 ℃·d，种子成熟到停止生长的有效积温为658 ℃·d。

3.3 水分

水分是作物生长中不可缺少的主要因子之一，尤其是当光照、温度条件得到满足时，水分可能是苜蓿生长发育与产量形成的主要影响因子，其影响过程主要表现在以下5个方面：第一，水分是细胞原生质的主要组分。植物细胞原生质的含水量一般在70%～90%，当含水量处于正常范围内，原生质才可保持溶胶状态，细胞才正常的进行分裂、伸长、分化和各种代谢。如果含水量减少，原生质则成凝胶状态，生命活动将会大大减弱。第二，水分直接参与植物体内重要的代谢过程，水分是植物体内重要生理生化反应的底物之一，在光合作用、呼吸作用、有机物质合成和分解的过程中均需要水分子的参与。第三，水分是多种生化反应和物质吸收、运输的良好介质。植物体内的各种生理生化过程都是在水溶液中进行的，如光合作用的碳同化，呼吸作用中的糖降解都发生在水相中。另外，植物对矿物质的吸收、运输，光合产物的合成、转化运输以及信号物质的传导等都需要以水作为介质。第四，水分能使植物保持固有的姿态。植物细胞中的水分，使得细胞保持一定的膨胀，植物的枝叶才得以挺立。第五，细胞的分裂和伸长也需要足够的水。植物细胞的分裂和延伸生长对水分十分敏感，细胞生长需要一定的膨压，缺水会使得膨压下降，影响细胞分裂和延伸生长，并抑制植物生长，最终导致植物矮小。

苜蓿各生育时期对水分敏感程度高低顺序依次为分枝期、现蕾期、开花期和返青期（再生期）。分枝期内，水分亏缺会抑制苜蓿枝芽的形成，而分枝数是影响地上部分生物量的主要因素；现蕾期内，植株生长迅速，水分需求旺盛。因此，分枝期和现蕾期内的水分供应是获得苜蓿高产的关键。当发生水分胁迫时，苜蓿叶片气孔关闭、原初光能转换效率、光合速率和蒸腾速率降低，植株生长速率变缓；随着水分胁迫程度的加剧，苜蓿的株高、分枝数、茎粗、叶面积及地上部分生物量开始大幅下降，减产风险增加。但若能及时恢复供水，苜蓿的株高、分枝数、茎粗、总叶片数、叶面积均可受到激发，表现出不同程度的补偿生长，并不会引起显著减产。此外，对于商品苜蓿而言，其品质也应是灌溉管理需要考虑的重要指标，但受到的关注却较少。现有研究表明，水分胁迫可通过降低茎叶比而提高苜蓿蛋白质含量和相对饲喂价值，显著改善苜蓿品质。

3.4 土壤

土壤里的物质可以概括为3个部分：固体部分、液体部分和气体部分。土壤由矿物质和腐殖质组成的固体土粒是土壤的主体，约占土壤体积的50%，固体颗粒间的孔隙由气体和水分占据。矿物质是岩石经过风化作用形成的不同大小的矿物颗粒（沙粒、土粒和胶粒）。它直接影响土壤的物理、化学性质；是最基本的物质，能给植物提供多种养分。

有机质和矿物质紧密地结合在一起。土壤有机质按其分解程度分为新鲜有机质、半分解有机质和腐殖质。其中腐殖质占土壤有机质总量的85%～90%。腐殖质可以作物养分的主要来源，腐殖质既含有氮、磷、钾、硫、钙等大量元素，还有微量元素，经微生物分解可以释放出来供作物吸收利用。腐殖质是一种有机胶体，可以增强土壤的吸水、保肥能力。腐殖质是形成团粒结构的良好胶结剂，可以提高黏重土壤的疏松度和通气性，改变沙土的松散状态。同时，由于它的颜色较深，有利吸收阳光，提高土壤温度。腐殖质在分解过程中产生的腐殖酸、有机酸、维生素及一些激素，对作物生育有良好的促进作用，可以增强呼吸和对养分的吸收，促进细胞分裂，从而加速根系和地上部分的生长。

土壤气体中绝大部分是由大气层进入的氧气、氮气等，小部分为土壤内的生命活动产生的二氧化碳和水汽等。土壤中的水分主要由地表进入土中，其中包括许多溶解物质。土壤水分与土壤结构息息相关。土壤是一个疏松多孔体，其中布满大大小小蜂窝状的孔隙。直径0.001～0.1 mm的土壤孔隙叫毛管孔隙。存在于土壤毛管孔隙中的水分能被作物直接吸收利用，同时还能溶解和输送土壤养分。毛管水移动的快慢决定于土壤的松紧程度。

苜蓿在中国主要分布在内蒙古、四川、贵州、广西、湖北、江苏、福建、新疆、甘肃，这些地区生长苜蓿的土壤疏松、干燥、高钙且排水性好。苜蓿蒸腾作用强，耗水量大，要求充足的水分条件。喜温暖湿润半湿润，以及半干燥气候，在一些年降水量为300～800 mm，无霜期超过100d

的地区仍可种植。苜蓿在生长发育过程中需要充足的水分，但是，在水分过量的胁迫下，土壤中缺氧，根系呼吸减弱，浸泡时间过长也会使根系窒息而腐烂，以至死亡，导致涝害，使生产能力下降。苜蓿具有发达的根系和入土很深的主根。据观察在半干旱地区，播种第3年的主根长达3 m，第5年主根可深入土层达7 m，而且侧根粗壮而稠密。在干旱胁迫下，苜蓿根系可从土层中，特别是深层土壤中吸收水分保证和维持其生长发育，植株不致萎蔫和死亡，获得较高的产草量。所以苜蓿也有较强的抗旱性。苜蓿耐碱而不耐酸，在pH值7～9的碱性土壤生长良好，而在pH值6.5以下的酸性土壤生长受到影响，根瘤难以形成。当pH值在5.0以下时，就必须施石灰，才能正常生长。苜蓿最适宜在pH值7～7.5的中性或微碱性土壤上生长。在对土壤盐分的反应上，苜蓿属于中等耐盐牧草，具有较强的耐盐性。

4 苜蓿必需的营养元素及缺素症状

4.1 苜蓿的氮素营养

氮素循环是自然界的氮及氮素化合物在生物作用下的一系列相互转化过程。氮素是构成植物组织最基本的化学元素，是合成蛋白质的主要成分，包括结构性蛋白质和功能性蛋白质，也是构成光合作用中光能主要吸收体——叶绿素的必需成分，是植物生长需要量最大的矿质元素。氮肥对我国牧草产业的快速发展做出了巨大贡献。据统计，我国是世界上氮肥用量最高的国家，仅2006年我国氮肥产量达到3 869万t，其中有3 482万t作为肥料施用到土壤中。

苜蓿植株吸收的氮形态包括硝态氮和铵态氮。一般来说，在湿润、温暖、通气良好的土壤中以硝态氮离子吸收为主。硝态氮离子进入植株后利用光合作用提供的能量被还原为铵态氮离子。与铵态氮相比，硝态氮更有利于促进苜蓿生长，更能够有效抑制固氮的发生。研究表明，根瘤中亚硝态氮含量比实际供给植物氮含量对苜蓿的生长更为关键，亚硝态氮是根瘤内硝化作用的一种有效抑制剂。

繁茂的营养生长和植株深绿的颜色意味着土壤供氮充足。植物供氮与碳水化合物的利用有关，供氮不足时碳水化合物就沉积在营养细胞中，使细胞增大。氮元素是叶绿素合成的重要成分，而叶绿素则是作物同化二氧化碳，产生光合产物的关键物质。因此苜蓿缺乏氮元素会导致叶绿素含量下降，叶色浅黄，植株长势受影响。苜蓿不仅可从土壤和空气中直接吸收利用铵态氮和硝态氮，而且还能与根瘤菌共生固定空气中的氮，这样在苜蓿生长发育期间，可以不需要额外施加氮肥，但是在苜蓿苗期根瘤菌形成之前，其幼苗生长将会受到氮素缺乏的影响。在播种时建议施用少量氮肥有助于幼苗生长。氮素缺乏影响含氮化合物，尤其各种蛋白质的合成、叶绿素的形成而使光合作用受到抑制，导致苜蓿植株生长发育受阻，降低其生物产量。一旦供氮充足、条件利于生长时，苜蓿就利用这些已合成的碳水化合物合成蛋白质。因而营养器官贮存的碳水化合物减少，形成更多的原生质。有研究指出，健壮苜蓿植株的氮水平在群体1/10植株开花时至少应为3.0%；苜蓿首次刈割时植株上部152 mm处干物质氮浓度达25 ~ 37 g/kg，则苜蓿不缺氮。合理施用氮肥则可以促进苜蓿生长，提高产量、可溶性糖、可溶性蛋白等营养品质，同时降低粗纤维含量，改善苜蓿口感。氮肥对苜蓿总氮量、硝态氮和非蛋白氮含量的影响见表4-1。氮含量的增加与苜蓿总氮量、硝态氮和非蛋白氮呈现正相关。苜蓿中43% ~ 64%的氮是通过生物固氮而获得的。生物固氮效果受多个因子影响，包括苜蓿的田间管理，土壤pH值、钾和磷的水平等。如施钾可以增加苜蓿根瘤数、碳交换速率和碳水化合物由茎向根瘤的转移速度。这一结果十分重要，特别是苜蓿在刈割后，利用足够的钾刺激植株再生。可以增加苜蓿固定氮的能力。

表4-1　施用氮肥对苜蓿总氮量、硝态氮和非蛋白质氮含量的影响

施氮量（kg/hm^2）	总氮（%）	硝态氮（%）	非蛋白质氮占总氮（%）
0	3.91	0.003	13.6
27.5	3.90	0.004	13.3
55	3.74	0.006	11.5
111	3.76	0.006	14.4
222	3.88	0.043	15.5

苜蓿与禾本科牧草混播时，苜蓿固定氮的能力强于禾本科牧草。有研究报道无芒雀麦与苜蓿混播草地，比较无芒雀麦和苜蓿对落叶和收获

残留物分解氮的吸收利用，苜蓿通过此途径返还土壤的氮是无芒雀麦的3倍（每年苜蓿：13 kg/hm^2；无芒雀麦：4 kg/hm^2），同时，苜蓿对这部分氮的竞争力也强，吸收这部分氮是无芒雀麦的2倍多。从苜蓿转移给无芒雀麦的氮约1 kg/hm^2，但这部分氮是由地上部分分解而来的，没有检测到转移给禾本科牧草的苜蓿氮。这一研究结果指导苜蓿禾本科牧草混播草地的氮肥策略。苜蓿根瘤中氮浓度还与该地前茬作物有关。如果前作是小粒谷物，施氮后根瘤氮浓度增加；如果前茬作物是禾本科牧草地，根瘤氮浓度不增加甚至降低。前茬作物土壤中残留氮不论是硝态氮还是有机矿化氮形态，苜蓿都可以利用。有研究报道，3年前施有机肥45 t/hm^2，前茬作物收获后种植苜蓿1年，苜蓿能从地下1.8 m处吸收硝态氮，2年后从3.6 m处吸收消耗硝态氮。因而可以断定，苜蓿可以被用来吸收利用土壤中残留的硝态氮，从而降低土壤硝态氮的污染。

然而，随着农户对苜蓿产量的需求不断提高，氮肥过量施用的报道屡见不鲜，使得土壤中各类养分比例失衡，引发土壤的酸化、盐化、地下水污染、苜蓿体内硝酸盐含量超标、品质下降及部分中、微量元素缺乏等一系列生理问题。氮、磷、钾、硫等养分相对过量会延长生育期，推迟成熟。生育前期营养生长过旺对苜蓿种子生产十分不利。同时，研究发现在保证氮肥合理供应的基础上，随着氮肥用量的增加，蚜虫、蓟马、白粉病等苜蓿病虫害发病率显著升高，由此带来的后果就是增加农药用量，进而导致苜蓿品质下降、农药残留、营养失衡及环境污染问题，不利于苜蓿产业的健康可持续发展。

目前我国氮肥种类可根据其氮素形态分为铵态氮肥、硝态氮肥和酰胺态氮肥，其中酰胺态氮肥主要指尿素，这类氮肥施入土壤后大部分会在短时间内转变成铵态氮和硝态氮。铵态氮肥在土壤中主要以NH_4^+形式存在，根系吸收NH_4^+后会以1：1的比例分泌出大量的H^+，降低根际土壤pH值，对于碱性土壤有一定的改善作用，并能促进一些难溶性的营养物质降解。但是在南方酸性土壤中，施用铵态氮肥会进一步加剧土壤酸化，造成病原菌的积累。苜蓿最适生长环境的pH值应为中性，酸化的土壤也不利于苜蓿的正常生长。此外，过量氮肥的施用会导致植物养分失衡，使得土壤中无机氮大量累积，造成资源浪费和水体污染等一系列环境问题，造成这一结果的主要原因是由于，苜蓿根系会优先吸收NH_4^+，同时抑制钙、镁、钾、锌等中、微量元素的吸收，导致苜蓿出现生理性病害。比较典型的就是苜蓿因缺钙发生的“黑腐病”，严重时甚至造成根系腐烂。硝态氮肥是生理碱性肥料，在土壤中主要以NO_3^-形式存在，根系吸收NH_4^+后会分泌出OH^-，提高土壤pH值，对于酸性土壤有一定的改良作用。但是，在当中性或碱性土壤中NO_3^-浓度过高时，会导致某些元素在较高的pH值时产生沉淀，降低铁、锰、镁、锌等微量元素的有效性。在北方苜蓿生产中，施用硝酸氮的植株最常见的是缺铁和缺镁现象。但是相对于铵态氮所造成生理酸性，硝态氮所产生的生理碱性较小，而且比较容易通过农业措施快速缓解。

使用控释氮肥替代速效氮肥是降低氮肥用量的有效途径之一。控释氮肥是使用无污染的包膜材料，将氮肥包裹起来，并通过调节包膜材料的厚度和改变其成分，氮素释放规律与苜蓿养分需求规律相匹配。控释肥能满足高产优质的需要，还具有作物全生育期肥料一次性基施和节省追肥所需的劳动力投入、减少肥料用量、提高氮肥利用率并减少环境污染等优点。此外，大量生产应用研究表明，施用控释肥不会降低苜蓿产量，合理使用后还能提高苜蓿产量、商品性及其营养品质。然而，目前控释肥的生产成本较高，在缺乏科学应用技术的前提下，很难被农户所接受。因此，需要全国各地区针对作物和气候特点，研发控释肥的高效应用技术，才能实现控释肥的大面积应用与推广。

4.2 苜蓿的磷素营养

磷是苜蓿体内核酸等多种重要化合物的主要成分，对于细胞器、细胞核的形成具有重要作用。磷也是磷脂、植素和三磷酸腺苷（ATP）合成的必需元素，其中磷脂是细胞膜的主要成分，三磷酸腺苷是植物体内大部分生化反应的能量载体。在植物生命的许多重要功能中，最重要的作用是贮存和转运能量。磷的另一个重要功能就是提高苜蓿抗寒和抗旱的能力。一方面是由于磷提高细胞水润度和耐高温能力，另一方面，磷能够能促使进苜蓿根系的生长发育，扩展苜蓿吸水范围。最常见的磷能量载体是二磷酸腺苷（ADP）和ATP，载体以ADP和ATP结构末端磷酸盐分子间的高能集磷酸键形式出现。苜蓿中磷的特殊功能是ATP与硝化作用结合。许多研究证明，苜蓿固氮需要较高的ATP参与。磷对苜蓿代谢的影响已经在一种热带苜蓿中得到证明，根瘤数、根瘤大小和固氮水平都随着磷水平增高而增高。另外，磷也是核酸、辅酶、核苷酸、磷蛋白、磷脂和磷酸糖类等一系列重要生化物质的结构组分。在植物生命早期充分供磷对形成繁殖器官原基至关重要。磷在土壤中以正磷酸（phosphoric acid）形式被吸收。在土壤中，磷主要通过扩散作用由土壤转移到植物根。由于磷易于固定，因此磷在土壤中的移动只能是短距离。在酸性土壤中，施用石灰可以提高磷肥的有效性，但过量的石灰又降低可利用磷，原因是磷参与钙的反应。土壤中丛生真菌（VAM）可以促进苜蓿对磷的利用，增加产量。苜蓿体内磷的浓度远低于氮和钾的浓度。苜蓿植株磷临界水平百分率约为0.25%，而健壮的植株为0.30%以上，有研究指出，苜蓿开花初期地上部分磷浓度般应高于0.35%。充足磷水平为首次刈割时植株上部152 mm处磷浓度达2.6 ~ 7.0 g/kg。植物体内的磷极易移动，出现短缺时，衰老组织中的磷就转移到分生活跃的组织。磷随着植株成熟而在体内含量降低。苜蓿播种时常拌磷肥，尤其是低磷土壤。建植苜蓿地施磷量一般较低。传统耕作建植苜蓿地一般N：P_2O_5：K_2O的比例是1：3：1。充足磷肥是苜蓿建立强大根系的必需条件。追施磷肥的效果在贫瘠土壤和低温条件下非常有效，但追施的量不宜太高。

一般来说，磷供应充足的苜蓿茎粗，发育良好。当磷肥不足时苗期缺磷时，苗期苜蓿植株矮小，叶色深绿，由下向上开始落叶，叶尖变黑枯死，生长停滞。成株缺磷时，植株矮小，老叶先出现缺磷症状，叶背多带紫红色，表面会呈现紫红色。磷在土壤中移动性较差，且其有效性与土壤温度密切相关，因此，在苜蓿栽培时，要注意提高磷肥的供应量，以满足苜蓿的迫切需求。磷元素缺乏，不仅影响各种细胞器膜和细胞膜结构的正常，而且影响细胞物质代谢所需能量ATP的水平。在碳水化合物代谢过程中，由于缺磷，使得叶绿体在光合作用中形成的磷酸丙糖不易运出，影响蔗糖合成，蔗糖是碳水化合物运输的主要形式，由于蔗糖形成受到缺磷的影响，就使功能叶片对生长中心及其他部位供应的碳水化合物量减少，限制全株生长。缺磷很少看到像氮或钾等元素短缺时出现那种明显的叶片症状，但缺磷影响苜蓿代谢，增加磷水平，苜蓿根瘤数量、根瘤重量和固氮水平都显著增加。缺磷会抑制苜蓿细胞的形成，同时根系发育生长受到影响，植株长势较差。此外，磷直接参与了苜蓿体内的很多生理代谢过程，可以促进光合产物的合成和转运，同时影响蛋白质的合成与分解，严重缺磷时蛋白质的分解作用增强，导致苜蓿品质下降。

磷肥根据其性质的不同可分为3种，包括水溶性磷肥、可溶性磷肥、难溶性磷肥3种。其中水溶性磷肥最常见的有过磷酸钙（也称“普钙”）、重过磷酸钙和磷酸铵，这类磷肥肥效快，性质稳定，一般来说均可用于苜蓿田间栽培。可溶性磷肥主要有沉淀磷肥、钢渣磷肥、钙镁磷肥、脱氟磷肥等，这类磷肥难溶于水，肥效缓慢，且不适宜于碱性土壤，但在酸性土壤中可以缓慢地溶解，并逐步释放作物吸收利用，其中最常见的就是钙镁磷肥。钙镁磷肥属于典型的碱性肥料，长期施用可以缓解苜蓿土壤酸化所带来的pH值下降和土壤病原菌累积的问题。同时钙镁磷肥中含有8%～14%的P_2O_5，25%～30%的CaO，40%的SiO_2及5%的MgO，对于降水丰富的南方土壤来说，强降水导致的钙镁等盐基离子流失的现象非常严重，施用钙镁磷肥替代速效磷肥，能够有效补充土壤中的钙镁等中微量元素的损失。一般来说，钙镁磷肥施入酸性土壤60 d后，才开始快速释放，因此，需要在苜蓿移栽前15～20 d施入土壤中，以保证苜蓿移栽30 d后对养分的需求。对于难溶性磷肥来说，主要有海鸟粪、兽骨粉和鱼骨粉等，由于主要来自动物粪便和残体，因此也称为天然磷肥。这类磷肥只溶于强酸，不溶于水。即使施入酸性土壤，也难以在植物生育期内溶解，因此，肥效最慢，不适宜于苜蓿等饲草作物栽培。

4.3 苜蓿的钾素营养

钾是苜蓿体内的第二大必需元素，有些苜蓿品种中的钾含量甚至超过氮含量，因此土壤中常因供应不足而影响苜蓿产量。钾在土壤溶液中以K^+形态被植物吸收。土壤钾以数种形态存在，对植物速效的钾只占土壤全钾的很小一部分。钾与氮、硫、磷等其他几种养分不同，钾不与其他元素结合生成诸如原生质、脂肪和纤维素等植物大分子。它以活性离子态存在，其功能主要是催化作用，包括酶的激化、平衡水分、参与能量形成、参与同化物的转运、参与氮吸收及蛋白质合成、活化淀粉合成酶、活化固氮酶7种功能。与氮、磷不同的是，钾在植物体内以离子状态存在于植物汁液中，并与植物的新陈代谢有关，同时维持植物体内的离子平衡。钾离子主要累积在植物细胞之中，可以提高细胞渗透压，并使水分从渗透势较低的土壤溶液中向高浓度的根细胞中移动。在钾供应充足时，作物能有效地利用水分，并保持在体内，减少水分的蒸腾作用。植物体内有60多种酶依赖与钾离子作为活化剂。此外，钾是保持叶绿体内类囊体膜正常结构的必需元素，一旦缺乏，类囊体膜结构就会松散，进而抑制苜蓿叶片的光合作用。钾可以促进类囊体膜上质子梯度的形成和光合磷酸化作用，维持植物正常的呼吸作用，改善能量代谢。钾能明显提高植物对氮的吸收和利用，并很快转化为蛋白质，提高氮肥的利用效率，且二者对苜蓿生长具有很强的协同效应。钾从土壤中转移到苜蓿体内靠扩散作用和植物蒸腾，扩散是主要途径。植株中充足钾对苜蓿早期生长很关键。叶面积指数为1时，碳交换率（CER）在钾充足时比在叶面积指数为2时还快。当钾缺乏后，叶肉抗CO_2流增加，从而导致茎和根的生长速率降低。只有在严重缺钾时，气孔抗气体交换才可能发生。

钾充足时，苜蓿叶中可溶性糖浓度较低，说明钾将光合合成物质从源转移到库。苜蓿氮积累随钾的含量增加而增加。钾不足，会降低酶的活性，从而导致根瘤固氮率降低。根瘤固氮率降低是钾限制茎生长的次级反应。钾也参与氨基酸合成蛋白质。表4-2表明，钾与苜蓿RuBP羧化酶间有密切关系，K^+具有促进RuBP羧化酶合成的功能，增加钾元素含量可提高RuBP羧化酶活性和净光合速率。苜蓿对钾的需求量高于其他任何一种元素。苜蓿在早花期植株上部152 mm处钾浓度达到25 g/kg，说明土壤供钾充足。植株不同部位钾含量不同，一般，茎>叶>根。苜蓿的高产是建立在高钾的基础上。苜蓿对钾的吸收常会发生奢侈吸收，刈割移走的植株中钾几乎都不是植物生长所必需的。供应足够的钾对豆禾混播地尤为重要，因为禾本科牧草对钾的竞争力通常高于苜蓿。苜蓿地杂草和禾本科牧草入侵，多数与可利用钾不足有关。苜蓿需钾量高，但施肥仍然推荐以土壤诊断为主。

表4–2　钾对苜蓿叶片中钾浓度和光合作用的影响

培养液钾浓度（mmol/L）	叶中钾浓度（mg/g）	净光合速度［CO_2，mg/（dm^2·h）］	每毫克蛋白质RuBP羧化酶活性［CO_2，μmol/（mg·h）］	光呼吸（apm/dm^2）	暗呼吸［CO_2，mg/（dm^2·h）］
0	12.8a	11.9a	1.8a	4.0a	7.6a
0.6	19.8b	21.7b	4.5b	5.9b	5.3b
4.8	38.4c	34.0c	6.1c	9.0c	3.1c

注：不同小写字母间代表差异显著。

当土壤溶液中K^+缺乏时，丙酮酸激酶和天冬酰胺酶的活性下降，影响根系对氮素的吸收和利用及正常氮代谢进行，造成氨基酸合成及其在植物体内的运输受阻。缺钾时叶绿体失去正常结构，并且影响叶绿体内跨膜H^+梯度，不利于光合磷酸化，钾素缺乏也引起叶肉阻力增高，使羧化反应部位的CO_2量减少，影响CO_2同化。另外，由于K^+在保持电荷平衡和渗透调节方面所具有的重要功能，当K^+缺乏时，将会降低植株叶片上气孔开度的调节能力，而且不利于光合作用及光合细胞中蔗糖的合成和运输。缺钾苜蓿叶片尖端及其两边首先褪绿，叶片发黄。苜蓿缺钾时，衰老组织首先表现，渐次波及幼嫩组织。缺钾严重时植株停止生长，钾不足造成可溶性糖类和氨基酸的积累，苜蓿易遭受病虫害，降低苜蓿品质。

钾肥的施用量和种类对苜蓿光合作用与氮固定的影响方面的相关研究结果表明，施高水平（673 kg/hm^2）硫酸钾比未施硫酸钾处理苜蓿每株枝条数增加51%，枝条重量增加20%；同时，测定植株中可溶性糖浓度为0.78%，而未施硫酸钾处理为1.28%，表明缺钾苜蓿的光合组织中有糖的积累。叶绿素浓度随钾含量增加而直线上升，施高水平硫酸钾肥的碳净交换率（CER）比对照平均增加28%。施硫酸钾还可以增加每株苜蓿的根瘤数，硫酸钾肥使苜蓿固氮率由对照的每株乙烯12.3 nmol/min提高到56.8 nmol/min，从而表明苜蓿固氮对钾和硫有需求。施钾肥可以促进苜蓿刈割后再生生长，增加生物固氮，原因可能是大量钾调运到根瘤参与氨基酸的合成和利用。钾营养可以增加苜蓿抗性，并且苜蓿抗性、苜蓿枝条数和量都随体内可溶性钾含量增加而增加。钾也与苜蓿根淀粉含量和利用有关。钾缺乏将导致根中淀粉和蛋白质浓度降低。淀粉和蛋白质的合成酶都需要钾的参与。有研究指出，在盐碱地钾营养的活性与Na^+水平密切相关，通常出现的叶片边缘失绿常常是由于植株体内含有高于正常水平达10倍的钠离子。在缺钾的盐碱土壤，一般都会发现苜蓿体内钠的浓度很高。

大量生产实践表明，适量施用钾肥增强细胞对环境条件的调节作用，从而增强苜蓿干旱、低温、高盐和病虫害的抗性，通过增强植株茎秆韧性，避免植物倒伏。此外，钾还能改提高苜蓿抗性，从而增加产量，提高收益。与氮、磷的情况类似，由于钾的移动性极强，苜蓿缺钾首先出现在老叶，逐步向幼嫩部位发展。缺钾时，叶片中的光合产物无法及时向苜蓿新叶等组织转移，导致光合作用受抑制，叶片变黄，叶缘枯焦，叶子弯卷或皱缩。缺钾时苜蓿茎秆柔弱，易倒伏，抗寒性和抗旱性均差，植株抗逆能力减弱，易受病害侵袭，品质下降。因此，钾也被称为“品质元素”。

4.4 苜蓿的钙、镁、硫营养

钙是苜蓿体内需要的另一种大量元素，以Ca^{2+}形态吸收，约占苜蓿干重的0.1%～0.5%，主要分布于苜蓿细胞壁上，而细胞内的钙主要贮存在液泡中。钙是植物细胞壁和胞间层的主要组成部分，能够将生物膜表面的磷酸盐、磷酸酯与蛋白质的羧基桥接起来，从而稳定细胞膜结构，维持细胞膜对各种离子的选择性吸收能力。植物细胞壁中的保持细胞膜对离子的选择性吸收的功能。植物体内的大部分钙与细胞壁中的果胶质结合，不仅能够维持细胞壁的正常结构，同时可以调节生物膜的透性和一些生理生化过程。钙还是植物体内重要的信号物质，当外界胁迫信号传递到细胞后，生物膜对Ca^{2+}的通透性提高，使得细胞质中的Ca^{2+}浓度提升，进而调控相关蛋白和关键生物酶的活性，并发生一系列生理反应。苜蓿对钙和镁的需求与土壤酸碱性密切相关。研究表明，高产苜蓿在首次刈割时，地上钙含量为5～30 g/kg时，不缺钙。苜蓿和禾本科牧草相比，不同时期和不同部位苜蓿的钙含量差异很大，在同样成熟期，苜蓿中钙的浓度高，因而也被动物营养学家认为是很好的钙营养源。钙浓度变化较大，有研究报道，苜蓿中钙浓度在6月1日收获时是14 g/kg，4周后下降为9.5 g/kg。假如土壤pH值适中，苜蓿可以在一个较宽的钙范围内生长。施钾肥可以降低苜蓿中钙的浓度（表4-3）。

表4-3 不同钾肥水平对苜蓿产量和营养的影响

钾肥水平（kg/hm^2）	干物质产量（t/hm^2）	营养元素浓度（g/kg）		
		钾	钙	镁
0	16.2	14.6	18.1	4.6
187	17.2	18.7	16.1	3.4
374	17.8	23.0	15.6	3.1

钙通过磷酸盐及磷脂与蛋白质羧基间的桥梁作用稳定膜结构，缺钙时质膜及细胞器的膜不完整或形态不正常，膜破裂、穿孔或呈片段，组织中小分子溶质易于外渗，所以钙缺乏将破坏叶绿体的跨膜质子梯度，影响光合磷酸化作用，严重时，膜解体，细胞分隔破坏，代谢紊乱。另外，在花粉萌发和花粉管伸长过程中均与Ca^{2+}的浓度梯度有密切关系，在Ca^{2+}浓

度梯度不正常情况下，影响花粉管的极性运输，导致花粉管的生长受阻。

缺钙表现为植物顶芽和根系顶端不发育，生长点分生活动停滞。钙对细胞膜构成及其渗透性起重要作用。缺钙通常造成膜结构破坏，结果难以保持可扩散的化合物留在细胞内。钙对植物体中碳水化合物的运转有影响。钙可促进硝态氮吸收，因此与氮代谢有关。钙对酶激活不起主要作用。正常有丝分裂需少量钙。一般认为，钙为非活动元素。韧皮部中极少有钙移动，因此一般种子中供钙极差。根系中钙的下移也有限，这可阻止钙进入供钙不良的土壤。由于线粒体在有氧呼吸和盐类吸收中发挥作用，所以钙同离子吸收具有直接关系。钙在苜蓿体内主要通过木质部由地下部向地上部运输，因此受蒸腾作用影响大。植物体内钙的移动性弱，可再利用程度低，因此苜蓿缺钙症状首先出现在顶芽、侧芽、根尖、茎尖等分生组织，植物细胞膜上的钙离子会被重金属离子和氢离子替代，导致细胞质外渗和细胞膜选择性吸收功能和稳定性下降的问题。一般来说，苜蓿缺钙主要表现在：缺钙后细胞壁合成受阻，会抑制茎尖、根尖、叶尖等生长点的细胞生长，严重时会导致生长点坏死，植物停止生长。同时，苜蓿是非常容易被病原微生物侵染的作物，缺钙造成苜蓿细胞壁稳定性下降，导致叶片、根系等组织细胞易受病菌的侵染。整株易腐烂枯萎，幼叶畸形或卷曲，并逐渐变黄褐色，进而坏死。坏死后的生长点，不能再恢复生长，在生产中要做到早发现、早防治。

目前常见的可施入土壤的钙肥主要有石灰、石膏、过磷酸钙和钙镁磷肥等。在我国南方酸性土壤的耕作过程中，有长期施用石灰的习惯，能够迅速提高土壤pH值，降低土壤酸度，抑制病虫害的发生，促进作物生长，起到一定的改良土壤的作用，但是过量施用石灰等物质，会造成土壤中其他金属离子的淋洗，导致土壤板结等问题，因此不宜长期施用。尽管碱性土壤一般情况下不缺钙，但是随着苜蓿年限的增加和钾肥的过量施用，导致植物钙吸收障碍，也需要补充一定的钙肥。一般来说，北方中性偏碱性土壤可施用石膏。石膏是一种中性钙肥，配合硼、钼等微量元素效果更好。过磷酸钙也是一种重要的磷肥，在生产中应用非常广泛。然而，由于磷肥过量施用的问题，导致大多数农田、菜田土壤中有效磷过量积累，因此，除一些较为贫瘠的土壤外，以过磷酸钙作为钙肥施入土壤的做法并不合适。钙镁磷肥是一种碱性磷肥，主要含磷、镁、硅、钙等元素，主要是补磷肥，附带补镁硅钙肥，适合酸性缺磷土壤或者南方钙镁淋溶严重的红壤。

这里值得一提的是，叶片喷施钙肥越来越受到苜蓿种植户的欢迎，其中以糖醇钙的效果最好。糖醇钙以糖醇为载体，分子量较小，且苜蓿韧皮部含有糖醇物质，因此以糖醇为载体的钙元素可以被苜蓿作物的韧皮部识别成糖醇进行吸收和运输，同时不容易与苜蓿体内的有机酸形成有机酸钙沉淀，可以提高钙在韧皮部的运输效率。糖醇具有较强的保湿功能，喷施后在叶片上停留的时间较长，延长了叶片吸收钙元素的时间。糖醇还是一种表面活性剂，可以使得糖醇钙容易均匀地附着在叶片上，从而提高作物对钙的吸收和利用效率。

镁是构成植物体内叶绿素的主要成分之一，也是植物体内一些重要生物酶的活化剂，如激发与碳水化合物代谢有关的葡萄糖激酶、果糖激酶和磷酸葡萄糖变位酶的活性，维持植物对二氧化碳的同化作用。因此，镁对苜蓿光合作用具有重要作用。镁以Mg^{2+}的形态被吸收，是叶绿素分子中仅有的矿质组分，处于叶绿素中心位置。生成叶绿素通常用去植株总镁量的15%～20%。镁是核糖体的结构组分，可能激活氨基酸生成多肽链。镁还是DNA聚合酶的活化剂，促进植物遗传物质的合成。通过促进乙酸转变为乙酰辅酶A，参与脂肪酸的合成。镁具有多种生理和生化功能，Mg^{2+}是RuBP羧化酶的活化剂，参与ATP磷酸转移反应。碳水化合物代谢中几乎每种磷酸化酶的最大活性都需要激活，涉及ATP磷酸转移的大多数反应都需要镁。高水平元素钙、磷、硫、钾、钼均有可能减低苜蓿镁的含量，假如镁含量在饲草中低于约0.3%时，苜蓿生长即会受到限制。苜蓿和禾本科牧草相比，在同样成熟期，苜蓿中镁的浓度高，是家畜很好的镁源。镁浓度也变化较大，研究报道，苜蓿中镁浓度收获时是1.9 g/kg，4周后下降为0.8 g/kg。如果土壤pH值适中，苜蓿可以在一个较宽的镁含量范围内生长。施钾肥可以降低苜蓿中镁的浓度。

镁是活动性元素，缺镁时易从植株衰老部分向幼嫩部分转移。有研究指出，高产苜蓿在首次刈割时地上152 mm处镁含量为3 ~ 10 g/kg，则不缺镁。镁在苜蓿韧皮部的移动性较强，所以缺镁症状首先出现在老叶上，并逐步扩展到新叶。一般来说，植物缺镁的典型症状就是叶绿素含量下降，表现出斑点状的失绿症状。苜蓿苗期一般不易缺镁，但是一旦缺镁，会表现出植株矮小、生长缓慢，同时叶片脉间失绿的症状，并逐渐有浅绿色转变为斑点状的黄色，严重缺镁时甚至出现白色或叶片坏死的现象。由于镁对叶绿体中的糖代谢具有重要作用，因此，缺镁时会影响叶绿体中淀粉的降解、糖的运输和韧皮部蔗糖的卸载，导致光合产物在叶片中大量累积，使得叶片厚而小，同时易受强光照的影响，导致叶片失绿。如果使用材料遮挡失绿的叶片，数天后叶片会返青，此时基本可以确定是缺镁引起的失绿现象。植物组织总镁量的70%是可扩散的，故缺镁症状一般首先在低位叶片出现。镁是叶绿素的组成成分，缺乏时影响叶绿素的生物合成。在叶绿体内，叶绿素是与蛋白质相结合的，叶绿体蛋白的合成也需要镁。镁是形成聚核糖体必须具备的条件，故蛋白质合成不可缺Mg^{2+}，否则由于聚核糖体解体而使蛋白质合成停止，引起叶片失绿。另外，Mg^{2+}是很多酶的活化剂，ATP酶、乙酸硫激酶及光合作用中RuBP羧化酶、果糖-1，6-二磷酸（FBP）磷酸（酯）酶等的活化受Mg^{2+}的含量影响。缺镁也将使植株中蛋白氮减少而非蛋白氮增多。

一般来说，在保水保肥能力较差的沙土和酸性土壤中，镁容易淋洗，同时在钾肥和铵态氮肥用量过高的土壤中，由于镁离子、钾离子和铵根离子之间的拮抗作用，会导致苜蓿难以吸收土壤中的镁营养。因此，在这些地区不仅要增施镁肥，改善土壤中的养分平衡，同时注意使用有机肥提高土壤保水保肥的能力，施用弱碱性肥料，调节土壤pH值，减少钾肥和铵态氮肥的用量，从多个方面缓解苜蓿缺镁症状。对于已经出现严重缺镁症状的苜蓿，应及时通过叶面喷施镁肥，快速补充苜蓿所需的镁。要注意及时补充镁肥。镁肥一般根据其溶解性，可以分为水溶性镁肥和微溶性镁肥。常用的水溶性镁肥有硫酸镁、氯化镁和钾镁肥，而钙镁磷肥、白云石等属于微溶性镁肥。由于我国南北土壤和气候差异巨大，施用镁肥的效果也有所差异，因此要依据不同土壤类型进行针对性应用。南方酸性土壤和沙土中的有效镁含量低，施用镁肥效果比较好。一般来说，苜蓿属于忌氯作物，一般不适宜施用氯化镁。硫酸镁则具有普适性，钾镁肥属于碱性肥料，最适宜于酸性土壤。对于钙镁磷肥、白云石等碱性肥料来说，可以在酸性土壤缓慢溶解，如果在种植前30 d施用，可以满足苜蓿生育期内对镁的正常需求。

硫在自然界中广泛存在，是苜蓿生长的必需元素之一，是蛋白质和氨基酸的重要组成部分，也是维持酶的催化反应的必需元素。由于植物体内的含硫氨基酸、谷胱甘肽、维生素B_1、生物素和铁氧蛋白等重要的生物活性物质的形成均离不开硫，因此硫在植物生理代谢过程中发挥着重要作用。植物根几乎只吸收硫酸离子，大多数硫酸根离子能够在植株内还原，以-S-S-和-SH形态测出。大量硫酸盐态的硫也出现于植物组织和细胞液中，尤其苜蓿中含量甚大。在植物生长和代谢中硫发挥多种重要功能，主要有合成蛋白质必需组分胱氨酸、半胱氨酸和蛋氨酸等含硫氨基酸。植株中约90%的硫存在于这些氨基酸中。合成其他代谢物时也需要硫，这些代谢物包括辅酶A、生物素、维生素B_1和谷胱甘肽。硫还是铁氧还蛋白的重要组成部分，也是叶绿素中非血红离子硫蛋白的组成部分。苜蓿根和茎中积累硫一般都比冷季型禾本科牧草多，如高羊茅、鸭茅，但在根部没有发现明显的吸收点。根中只有少量的硫会转移到茎中，利用组织培养，测得在2.5 mg/L浓度硫可使植物获得总氮的最大值，氮/硫随着硫浓度的升高降低。许多试验证明，硫浓度达1.5～3.0 g/kg，氮/硫等于11，苜蓿可以取得最高产量。但有研究指出，氮/硫有时不能作为衡量苜蓿产量的指标。

苜蓿在1/10开花期，硫在0.2%以下时可认为缺硫，而健壮植株所含的硫约为0.3%。有研究指出，苜蓿首次刈割地上152 mm处硫浓度为3～5 g/kg，则显示苜蓿不缺硫。缺硫极大阻碍植物生长。症状极似缺氮，但与氮不同，缺硫时植株中的硫似乎不能轻易从衰老部分移到幼嫩部分。缺硫时将影响收获牧草中蛋白质的品质。而且缺硫的叶绿体基粒减少，叶绿体及片层结构肿胀，外膜常破裂。另外，由于硫的-S-S-和-SH两种形态易相互转变，具有调节蛋白质结构和性质的能力。因此，硫元素供应不足会影响其调节细胞氧化还原反应及相关酶的活性。缺硫的植株生长缓慢，分枝多，茎坚硬木质化，叶黄绿色发僵。但是，在实际生产中，复合肥的应用已非常普及，缺硫症状可能是由于单纯施用氯化钾造成的，只要使用部分硫酸钾即可满足苜蓿对硫的需求，因此田间苜蓿缺硫的现象极少。一般来说，苜蓿缺硫与缺氮的现象类似。缺硫对地上部的抑制远大于根系。叶片的典型症状就是叶绿素含量下降，导致叶片失绿。但是缺氮时，老叶先变黄、褪绿，而硫在新老叶片中是均匀分配的，所以新老叶片的颜色相对均匀。

4.5 苜蓿的微量元素营养

在大量元素充足情况下，施用微量元素可促进苜蓿叶茎比、产草量、粗蛋白质的增加，同时提高苜蓿中各微量元素的含量。微量元素一般包括铁（Fe）、硼（B）、锰（Mn）、铜（Cu）、锌（Zn）和钼（Mo）等。

铁在地壳中的含量非常丰富，既可以Fe^{2+}、Fe^{3+}形式，又可以有机复合或螯合铁到达植物根部。在植物体内主要以三价铁的形式存在。代谢铁需要Fe^{2+}且以此形态被植物吸收。铁在植物体内的功能非常重要，在叶绿素合成中起到重要作用。铁既作为结构组分，又充当酶促反应的辅助因素，铁的化学性质使其成为氧化还原反应的一个重要组成部分。铁是非血红素分子结构组分，参与酶系统作用。植物体内有很多细胞色素、铁氧还原蛋白等具有强还原里的含铁有机物质，是植物体内电子传递链的重要组成部分或者催化剂，参与多种关键的生理代谢过程。细胞色素氧化酶、过氧化物酶等均含有丰富的铁，能够催化活性物质及生物氧化还原过程，从而通过直接或间接的途径影响光合作用、呼吸作用和硝酸还原等过程。

由于铁在叶绿素合成中具有重要作用，因此缺铁会导致叶片脉间失绿，严重时甚至导致叶片变黄或白色，直至死亡。一般来说，在极端缺铁的条件下，才会抑制苜蓿叶片的发育，从而影响其基本形状。缺铁时叶绿体变小，基粒缺乏或减少，甚至解体或液泡化，发生植株的缺绿症。铁虽然不是叶绿素的组成成分，但其为叶绿素生物合成所必需。植物细胞内的铁大部分以血红蛋白和非血红蛋白的形式存在，参与细胞内的氧化还原反应和光合电子传递过程，铁元素的缺乏不仅影响光合作用中的氧化还原系统的正常功能，而且对于苜蓿根瘤中固氮酶的活性和固氮作用的正常进行具有重要影响。缺铁常常发生在碱性土壤上，一些品种在酸性土壤上施磷水平高也会导致缺铁。通常以干物质计铁的含量，在50 mg/kg或以下时可能出现缺铁症。缺铁首先出现在植株幼叶上，幼叶出现叶脉间失绿，很快发展到整个叶片，严重时叶片全白。

南方土壤偏酸性，且由于降雨较为充沛，土壤中富含丰富的亚铁离子。然而，在通气良好的北方土壤中，尤其是石灰性土壤，大部分铁以难容的氧化铁的形式存在，同时铁离子易与有机物质结合，由此导致植物缺铁。生产中，一般使用铁肥进行土施或叶片喷施，以达到防治缺铁的目的。但是，常用的铁肥如硫酸亚铁、硫酸亚铁铵等物质施入土壤后，很快会被氧化或被其他阴离子结合，变成难以利用的形态，大大降低了铁肥的施用效果。而施用EDTA、EDPHA、CDTA和柠檬酸等螯合物与铁结合，可以大幅度提升铁的吸收效率和应用效果。然而，在南方土壤中，水稻—苜蓿轮作的方式非常普遍，而且淹水—干旱交替的情况也很频繁，容易造成铁催化产生的氧自由基造成的光合组织的损伤，所以，铁的毒害也是这些地区苜蓿生产中应该注意的一个问题。

硼（B）以硼酸（H_3BO_3，pH值9.2）的形态被植物吸收，硼在土壤中存在的形态也多数为硼酸。硼不与酶或结构大分子结合，硼不造成酶和底物的螯合反应。硼在植物中有多种功能，主要功能有：硼与细胞壁组分间发生反应生成多羟基化合物，从而增强细胞壁的稳定性；硼酸与醇类和糖类生成的多羟基复合体促进了糖在植物中的转移；硼在氮基础代谢和在控制磷结合进核苷酸的速率中起作用，从而影响RNA的代谢；硼能改变植物激素的活性，缺硼植株中积累生长素。硼在植物分生组织的发育和生长中起重要作用。硼在植株体内相对不移动，一般老叶含硼最多，其次是上部叶片，植株旗叶，茎上部，最后是茎下部。伴随植株顶端叶片由于缺硼变黄，植株上部同时表现为节间芽短缺。苜蓿首次刈割地上152 mm处硼浓度为30～80 mg/kg，则表明不缺硼。湿润地区土壤中硼多数与土壤有机质有关。硼在有机质分解过程中释放。硼的活性与pH值有关，随着pH值升高而降低，尤其当pH值>6.0时。钙影响硼的吸收，因而通常高pH值土壤，硼是限制性元素。硼在土壤中极易淋溶损失。植物中硼含量一般随施硼增加而增加。因而，有发生硼中毒的潜在危险。

虽然硼不是酶的组成成分，但在代谢调节中具有重要功能，缺硼组织中由于磷酸戊糖支路过强，使酚类化合物积累，可能促进多酚氧化酶活性，导致细胞内醌类物质增多，造成质膜透性及膜结合的酶发生伤害，并影响细胞壁物质合成，易引起组织坏死。还有缺硼最明显的反应之一是主根和侧根的伸长受到抑制，细胞分裂素合成受阻，而生长素（IAA）却大量积累，影响根的生长和伸长。植株缺硼抑制了细胞壁的形成，细胞伸长不规则，花粉母细胞不能进行四分体分化，从而导致花粉粒发育不正常，影响花粉的萌发和花粉管的伸长。所有微量元素中，苜蓿缺硼最为普遍。苜蓿供钾良好时，可以看到伴随缺硼出现的生长点附近叶片发红。苜蓿对硼十分敏感，苜蓿轻度缺硼不易被发现，但苜蓿质量可能会由于推迟成熟和叶片损失而降低。缺硼也限制开花和结实。植物体内缺硼可能与干旱有关，而且缺硼常常发生在干旱之后。当硼浓度降低到<30 mg/kg时，就会发生黄叶现象。有研究在温室内发现，苜蓿施氮将加剧硼的短缺。利用温室研究发现，在低硼土壤中施锌降低苜蓿对硼的吸收。

与铁类似，锰在植物体内也有多种价态，包括二价、三价、四价等，其中三价锰属于不稳定的状态，而二价锰则是植物体内的最主要的锰形态。锰是植株体内超氧化物歧化酶活性的主要辅助因子，还可以激活其他30多种生物酶，其中大多数都是参与氧化还原反应、脱羧反应和水解反应。锰参与光合作用和氧化还原过程、脱羧和水解反应。在许多磷酸化反应和功能团转移反应中锰能代替镁。锰影响植株中生长素水平，似乎高浓度锰有利于吲哚乙酸分解。

一般来说，缺锰的现象并不常见，缺锰首先表现在幼叶上，多为叶脉间失绿，通常植株地上部锰的水平在15～25 mg/kg则表现缺锰。但是在一些含锰较低的母质发育的土壤和高度淋溶的热带土壤上，有必要注意缺锰可能引起的问题。此外，在高pH值的碱性土壤中，同时有机质含量较高时，土壤也可能缺锰。苜蓿缺锰主要发生在新叶，此时叶脉间由绿色变为黄绿色，变黄部分不久变为褐色，出现斑点症状。此时可以通过土壤或叶面喷施硫酸锰的途径矫正。过量锰对生长有害。植物以Mn^{2+}及其某些天然及合成络合剂结合成的分子形式吸收。

铜在植物中参与以下酶系统或代谢过程：氧化酶，包括酪氨酸酶、抗坏血酸氧化酶和虫漆酶，细胞色素氧化酶的末端氧化作用；质体蓝素介导的光合电子传专递，对形成根瘤有间接影响。植物以Cu^{2+}形态吸收，也吸收天然或合成有机复合体中的铜。叶片能吸收铜盐及其复合体。

铜、锰元素均是植物细胞进行光合和呼吸代谢过程中许多酶的组成成分或活化剂，其含量不足将影响植株正常代谢过程，酶活性的钝化和营养物质合成受阻，导致植株生长发育的异常。苜蓿对缺铜非常敏感，铜在植物组织中的浓度降到5 mg/kg水平以下时可能表现缺乏。有研究建议土壤和植物都可以用来诊断苜蓿是否缺铜。对于缺铜的矿质土壤，11～17 kg/hm^2硫酸铜完全可以满足苜蓿生长。在缺铜的有机土壤，施铜量应增加1倍。铜在土壤中的后效作用很大，因而3年施1次铜即可。据报道，苜蓿在有机质含量高的土壤上种植，施铜可增加苜蓿产量。土壤pH值高，铜通常有效性低，因而常常发生缺铜现象。植物收获期不同，铜含量差异显著，这种差异是不同光照强度和温度造成的。植物对铜的吸收随着施用量的增加而减少。

锌在植物中参与以下酶系统或代谢过程：生长素代谢，色氨酸合成酶，色胺酸代谢；脱氢酶如吡啶核苷酸、乙酸、葡萄糖六磷酸核丙糖酸代谢；磷酸二酯酸；碳酸酐酶；过氧化物歧化酶；促进合成细胞色素C；稳定核糖体。植物以Zn^{2+}形态吸收，也吸收天然或合成有机复合体中的锌，叶片能吸收可溶性锌盐和锌复合体。锌元素作为酶的组成成分或活化剂，对于植株碳、氮代谢产生影响，而且锌可促进生长素形成的前身色氨酸的合成，苜蓿对缺锌属于中度敏感，锌在植物干物质中的浓度低于20 mg/kg水平则缺锌，叶片中锌水平高于400 mg/kg则可能发生毒害。在其缺乏时，会造成吲哚乙酸的合成锐减，植株生长发育出现停滞状态。

钼是钼酸还原酶的必需元素。这种酶为水溶性钼黄蛋白，主要存在于叶绿体被膜中。植物中钼常常由于亚硝酸盐或铵盐降低其需求。钼参与生物氮的固定和蛋白质的合成，是固氮酶结构组成部分，苜蓿根瘤中有10倍于叶片中的钼浓度。钼在植物对铁的吸收和运输中起着不可替代的作用。营养钼以MoO_4^{2-}形态被吸收，能生成复合多聚阴离子。由于钼的螯合形态，植物相对过量吸收后无明显毒害。植物干物质中钼的含量低于1 mg/kg，缺钼植株中一般低于0.2 mg/kg。有研究指出，施石灰提高土壤pH值后，施硼能促进对钼的吸收。研究推荐土壤pH值<6.2时，并且苜蓿生长16 ~ 26周内都没有施石灰，应施钼43 ~ 86 g/hm²。但是施钼并不能代替石灰的效果。钼的不足经常发生在酸性土壤中。土壤pH值在6.0以上，苜蓿对施钼常常没有反应。研究建议土壤pH值>6后则不再施钼，因为施钼过多，钼在植物中积累，将来对家畜有害。建议利用氮水平来说明钼的水平，原因是钼的测定比较困难。对于豆科牧草而言，钼有其特殊的重要作用，是硝酸还原酶和固氮酶的组成成分。缺钼时，植株内硝酸盐积累，氨基酸和蛋白质的数量明显减少，另外，钼参与根瘤菌的固氮作用，直接影响豆科牧草根瘤菌的固氮活性和根瘤的形成发育，缺钼时会使苜蓿的根瘤发育不良，固氮能力减弱。

5　苜蓿节水灌溉与水肥一体化技术

5.1　苜蓿需水特性

苜蓿需水量与不同地区气候环境、水文地质、农艺措施、品种类型等因素有关。不同地区的苜蓿需水量差异明显，总结国内相关研究发现，苜蓿全生长季内的需水量为400 ~ 2 250 mm，全生长季内的需水强度范围为3 ~ 8 mm/d。其中，我国苜蓿主产地区的年需水量大致如下：东北地区为500 ~ 700 mm，华北地区为600 ~ 750 mm，内蒙古中部地区为500 ~ 800 mm，黄土高原与河套地区为700 ~ 900 mm，西北地区为600 ~ 1 300 mm。

掌握牧草需水规律，明确苜蓿不同生长发育阶段最适宜的灌水下限，可为苜蓿的生产与管理提供科学指导。通常，苜蓿苗期需水量较少，一般低于田间持水量的75%应立即灌水，但单次灌水量不宜过多，以10 mm左右为宜。返青期应结合土壤墒情、气象条件和地温，适时适量的灌水，将土壤含水率应保持在田间持水量65% ~ 85%为宜。分枝期是牧草的需水关键期，应合理灌水使土壤含水率保持在田间持水量的70%以上。现蕾期应使土壤含水率保持在田间持水量的65%以上。花期及后期的苜蓿草地，不宜灌水，以利于收割和晾晒；对于制种苜蓿，建议土壤含水率控制在田间持水量的65% ~ 80%。冬灌期内单次灌水定额50 ~ 90 mm。

5.2　节水灌溉技术

我国牧草种植区主要分布在降水量小于400 mm的干旱半干旱地区，

因此采用节水灌溉技术提升灌溉水利用率，确保苜蓿产业可持续发展是十分必要的。在苜蓿栽培种常用的节水灌溉技术主要包括改进地面灌溉、喷灌与滴灌。

5.2.1 地面灌溉

地面灌溉是指灌溉水自沟渠或低压管道引水进入田间，借重力作用湿润土壤的灌水技术，是当前草地灌溉中应用面积最广的灌溉方式，包括畦灌、沟灌、淹灌和漫灌4种方式。为提高田间水分利用效率，多采用改进的地面灌溉技术，包括小畦灌、长畦分段灌、膜孔畦灌等技术。

小畦灌多适合于平原井灌和自流灌区。畦田的布置应根据地形变化，保证田面坡度为0.001°～0.003°，每亩地设置5～10个畦田，入畦单宽流量控制在3～6 L/（s·m），畦宽取2～4 m，井灌区畦长取30～40 m为宜，自流灌区的畦长取40～60 m为宜。长畦分段灌是指用塑料软管或地面纵向输水沟将水送至畦尾，自上而下分段进行灌水，直至灌完整个畦田为止，其中输水沟流量一般控制在15～30 L/s，畦长取200～250 m，畦宽取2～4 m，入畦单宽流量控制在3～6 L/（s·m）。膜孔畦灌是通过灌水在膜上流动，通过膜孔渗入至作物根部土壤中的灌水方法。牧草多采用密植型种植方式，多将宽度90 cm或140 cm的膜设置为一畦，入膜流量为1～3 L/s，并每隔适当距离在膜上少量覆土，以防止膜被刮风损坏。该方法节水效果良好，灌水均匀，可以提高出苗率、增加地温、抑制杂草生长。

5.2.2 喷灌

5.2.2.1 喷灌设备

喷灌是利用专用设备将有压水流送到灌溉地块，通过喷头以均匀喷洒方式进行灌溉的方法，具有对地形的适应性强，机械化、自动化程度高，灌水均匀，节水省工等优点，但也存在受风影响的缺点。喷灌是最适用于草地灌溉的高效节水灌溉技术，也是当前牧草种植业发达国家主要应用的灌溉方式，适合于牧草种植的喷灌系统主要有管道式喷灌系统、卷盘式喷灌机、圆形喷灌机（又称中心支轴式喷灌机）、平移式喷灌机等。实际应用时需根据地形、地块大小、水源、牧草种类等因素选择适宜的喷灌系统，对于地形复杂、地块面积小且不规则的人工草地种植区，宜选择管道式喷灌系统；对于地形起伏较小、田块面积50亩以上、田块内无障碍物的人工或天然草地，宜选择卷盘式喷灌机；对于田块集中连片、面积150亩以上、田块内无障碍物的天然草场或人工草地，宜选择圆形喷灌机和平移式喷灌机。同时为提高圆形喷灌机的利用率，降低单位面积上的设备投资，也可选择拖移式圆形喷灌机。

喷灌系统的组成部分主要包括水源工程、首部设备、输配水管网以及喷头。首部设备主要由水泵、控制阀、量测设施、施肥设备等组成。喷头的工作性能直接影响喷灌质量，选择时需考虑工作压力、流量、射程、喷灌强度等是否满足要求。管道式喷灌系统使用摇臂式喷头较多，工作压力为150～350 kPa，射程为10～25 m。卷盘式喷灌机具有两种灌溉方式，一是采用垂直摇臂式喷头或叶轮式喷头（又称涡轮蜗杆式喷头），工作压力为350～500 kPa，射程为30～50 m，二是采用桁架式多喷头，安装低压折射式喷头，工作压力在100～150 kPa，射程为3～6 m。圆形喷灌机和平移式喷灌机采用悬挂方式，安装折射式、旋转式或旋抛式低压喷头，工作压力在100～150 kPa，射程为5～10 m，此外根据实际需要在桁架悬臂末端安装垂直摇臂式喷头或叶轮式喷头。

5.2.2.2　圆形喷灌机应用案例

由于平移式喷灌机需单独供水且运行管理要求较高，规模化苜蓿灌区多以应用圆形喷灌机为主。本书以内蒙古鄂尔多斯鄂托克旗赛乌素苜蓿草场的技术模式为例，简述圆形喷灌机在苜蓿灌区的使用要点。内蒙古鄂尔多斯鄂托克旗地区种植苜蓿历史悠久，是我国应用圆形喷灌机进行牧草灌溉面积较大的地区之一。该地区属于典型的温带大陆性季风气候，年日照时数3 000 h左右，年平均气温6.4 ℃左右，降水主要集中在7—9月，年降水量为250 mm左右，年蒸发量3 000 mm左右，多采用井灌。该地区人工建植苜蓿草场多为改良的荒漠草原。

（1）灌溉制度

该地区紫花苜蓿1年刈割3茬，种植品种为中苜1号，年需水量约为508 mm，全年灌水10 ~ 12次，灌溉定额370 ~ 420 mm，在4月中旬或下旬的第1茬返青灌水1次，约20 mm；5月上、中、下旬及6月上旬各灌水1次，每次灌水30 ~ 35 mm；第2茬6月下旬及7月上、中旬各灌水1次，每次灌水40 ~ 45 mm；第3茬8月上、下旬及9月中旬各灌水1次，每次灌水30 ~ 35 mm；冬灌水于10月下旬或11月初进行，灌水量为50 mm。

（2）灌溉管理要点

每次灌溉前，尤其是春季首次灌水前，应提前检查喷灌机、水泵及管道等情况，并在冬灌完成后及时泄水，防止管道冻坏。为避免灌水造成的地温下降，苜蓿返青水不宜过早。每次刈割后，不宜立即灌水，3 ~ 5 d后灌水最佳。为避免产生径流损失、减少蒸发飘移损失，建议喷灌机单圈灌水量为15 ~ 20 mm，改变灌水量是通过设定百分率值，调整喷灌机转动速度实现的。此外，该地区春季风速较大，可以选配抗风性能较好的折射式喷头，但其喷灌均匀性较低。对于风速较低的夏、秋季或者播种及苗期，可以选用喷灌均匀度较高的旋转式或旋抛式喷头。

5.2.3 滴灌

地下滴灌是利用滴头，均匀而缓慢地将水滴入作物根区土壤中的灌水方法，满足根系同时吸收水分和养分需求，整个输水过程中的损失很少，灌溉水利用系数高达0.9 ~ 0.95。与传统的大水漫灌相比，滴灌可节水30%以上，苜蓿水分利用率可提高30% ~ 35%，此外还具有节能、省工、增产，易实现水肥一体化及自动化控制等。苜蓿种植中较为常见的有浅埋滴灌和地下滴灌两种形式。浅埋滴灌通常将滴灌带（管）埋于土壤表层以下3 ~ 8 cm，铺设和运行管理简单，可解决苗期灌溉问题，但浅埋的滴灌带靠近土壤表层，易受农机具作业损害，使用寿命较短。地下滴灌通常将滴灌管埋于20～35 cm土层，地下滴灌系统在农机具田间作业以及苜蓿刈割晾晒过程中，也可实现对苜蓿的灌溉，灌溉效率高；并由于埋设较深能有效避免滴灌设备因农机具作业造成的损害，可延长设备使用寿命，但仍存在运行管理维护复杂、一次性成本较高、苗期无法供水等问题。通常，为了确保出苗，需要采用喷灌、微喷灌等方式进行灌水。无论是地下滴灌还是浅埋滴灌，都存在较多的滴头堵塞现象，这将大大降低灌水均匀性，降低水分利用效率。因此，在运行过程中不但需严格控制灌溉水质，还需加强设备的日程维护，以保证设备的正常运行。

与喷灌系统相似，滴灌系统也由水源工程、首部设备、输配水管网、滴头四部分组成，滴灌系统对水质要求较高，需要安装过滤设备。浅埋滴灌多采用边缝迷宫式薄壁滴灌带，地下滴灌多采用壁厚大于0.4 mm的滴灌管，通常采用内镶式滴头。滴灌带（管）的工作压力在50～150 kPa，滴头流量在1～3 L/h，铺设间距可按“一管两行”或“一管四行”的原则布置，以60～100 cm为宜（偏沙性土壤取下限值，偏黏性土壤取上限值）。为实现自动化控制，可在小区进口安装电磁阀，进行分组轮灌。此外，还需注意滴灌系统运行过程中，定期检查过滤设备，冲洗管路，避免滴头阻塞。地下滴灌应用案例介绍如下。

5.2.3.1　管网布置与灌溉制度

依据《苜蓿地下滴灌水肥一体化栽培技术规程》（DB65/T 4258—2019）中相关规定，苜蓿种植中的地下滴灌系统宜采用“一管四行”的种植模式。滴灌带技术参数：选用内镶贴片式滴灌带，内径16 cm，壁厚0.4 mm，滴头间距30 cm，埋深20～30 cm，间距60 cm，沙质土壤建议选用滴头流量为1.0～3.0 L/h滴灌带，壤质土壤建议选用1.0～2.0 L/h的滴灌带。

苜蓿播种至苗期，建议增加喷灌或微喷系统以确保出苗，随后各生育时期的灌溉时间、灌溉周期、灌水定额可依据当地苜蓿需水量进行灌溉，一般建议每茬苜蓿灌溉2～4次，灌溉周期为7～10 d，根据不同土质其灌水量为保证地表土壤湿润锋搭接（全部湿润）时即可。冬灌在0～20 cm土层上冻前完成，建议灌水定额为50～70 mm。

5.2.3.2 管理要点

地下滴灌系统对灌溉水水质要求较高，为避免管道堵塞，其灌溉水水质应符合《农田灌溉水质标准》（GB 5084—2021）相关要求。每次春季灌水前，应试水并认真检查管道接头与滴灌带（地表湿润面积过大，则可能出现滴灌带断裂），如有漏水应及时补休。灌溉过程中，建议每50～80灌溉小时检测小区压力与流量，以确保系统在正常运行中；每茬苜蓿收割结束后，应按时清洗过滤器，对滴灌带进行排沙处理，并添加一定量的氟乐灵以防止苜蓿根系入侵造成的滴灌带堵塞。

5.3 水肥一体化技术

水肥一体化技术将灌水与施肥相结合，根据土壤、水分、养分状况及作物需水、需肥规律，利用喷灌、微灌等高效节水灌溉系统，可定时、定量地向作物提供水分与养分。该技术核心主要是将可溶性的固体或液体肥料溶于储肥桶内，通过施肥设备将储肥桶内稀释后的水肥液吸入或注入灌溉管道内，再输送至灌溉系统末级管道上的灌水器（喷头、微喷头或滴头），最终由灌水器将有压的水肥液精准地补充给苜蓿作物根区或叶面，以调控苜蓿的营养生长和生殖生长。应用水肥一体化技术可有效提高灌水施肥的均匀性与时效性，同时又具有明显增产、节水、省肥、省工的效益优势。

目前苜蓿水肥一体化技术可利用滴灌和喷灌两种高效节水灌溉系统。苜蓿滴灌系统常采用地下滴灌和浅埋式滴灌，多应用于新疆、甘肃、内蒙古等干旱、半干旱地区。苜蓿喷灌系统主要包括管道式喷灌系统和机组式喷灌系统，其中圆形喷灌机在内蒙古、宁夏等苜蓿主产区得到了大面积应用，是机组式喷灌系统的主要机型。本书主要对苜蓿的滴灌和喷灌水肥一体化技术内容进行介绍，为苜蓿水肥一体化技术的推广应用提供支持。

5.3.1　技术流程

实施水肥一体化技术前，首先要建成高效的节水灌溉系统，并确保灌溉系统具有较高的灌水均匀性。然后，根据苜蓿种植年限、生育期及土壤养分状况制订科学的灌水施肥方案，要结合灌水情况进行施肥，保证苜蓿水分与养分均能及时得到供应。在水肥一体化实施过程中，需要将肥料溶于储肥桶中，并使肥水混合均匀，然后通过施肥设备将肥液输送到灌溉管道内，最后通过喷头、微喷头或者滴头将肥液施入田间（图5-1）。

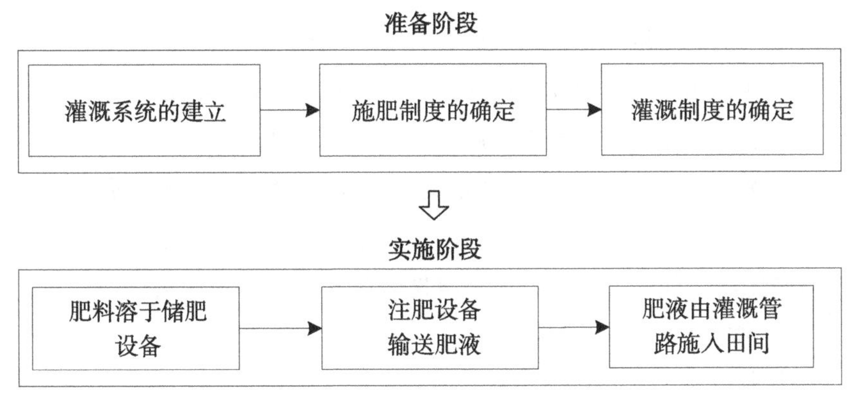

图5-1　水肥一体化技术流程

5.3.2　技术内容

5.3.2.1　滴灌水肥一体化技术

（1）材料与设备

滴灌系统的建立需要考虑苜蓿种植面积、地块地形、水源水质等具体因素。根据水源水质情况选配过滤器。一般过滤水中的砂石，可选用离心式过滤器做一级过滤设备；过滤水中有机杂质和其他杂质，可选用网式、离心式或砂石介质式过滤器做二级过滤设备。泥沙很细且较多时，可考虑在一级过滤前用沉淀池先行预处理。

滴灌管技术参数可参照上节内容执行。

施肥设备可选用压差式、文丘里式、注射泵式施肥器。注射泵式施肥器一般用在系统首部用得较多，田间小区多用压差式或文丘里式施肥器。

（2）肥料选择

肥料的选择应符合《大量元素水溶肥执行标准》（NY 1107—2010)、《微量元素水溶肥料》（NY 1428—2010）、《中量元素水溶肥料》（NY 2266—2012）、《肥料合理使用准则　通则》（NY/T 496—2010）相关规定。同时应满足下列要求：一是肥料养分含量高，水溶性好；二是肥料的不溶物少，品质好，与灌溉水相互作用小；三是肥料品种之间能相容，相互混合不发生沉淀；四是肥料腐蚀性小，偏酸性为佳。符合国家标准或行业标准的尿素、碳酸氢铵、氯化铵、硫酸铵、硫酸钾、氯化钾、磷酸二氢钾等肥料，纯度较高，杂质较少、溶于水后不会产生沉淀，均可用于水肥一体化技术。同时要注意，补充微量元素肥料时，一般不能与磷肥同时使用，以免产生不溶性磷酸盐沉淀阻塞滴头。

（3）灌溉施肥制度的确定

a. 灌水制度

滴灌水肥一体化技术的灌水制度需要根据气候区域、建植年限、刈割次数、苜蓿生育期需水规律、土壤特性等参数来确定。灌溉制度可参照上节内容执行，在有土壤水分监测条件的种植区，可根据灌水上下限来确定灌水定额，使苜蓿处于土壤水分适宜的状态下生长。灌水定额计算公式如下。

$$M=\frac{H(\theta_{max}-\theta_{min})}{\eta}$$

式中，M表示灌水定额，单位为mm；H表示土壤计划湿润层深度，单位为mm；θ_{max}表示灌水上限，单位为%；θ_{min}表示灌水下限，单位为%；η表示灌溉水利用系数，无量纲，滴灌系统取0.9～0.95，喷灌系统取0.8～0.9。其中，土壤计划湿润层深度与作物根系分布深度有关，通常，对于建植当年的苜蓿，土壤计划湿润层深度取10～20 cm为宜，对于建植多年的苜蓿，计划湿润层深度取40～60 cm为宜，冬灌时计划湿润层深度取50～80 cm。苜蓿的灌水上限一般为田间持水量的90%～100%，下限为田间持水量的60%～70%（单位为cm^3/cm^3）。

b. 施肥制度

合理的水肥一体化施肥制度需根据苜蓿的需肥规律、土壤肥力及目标产量来确定总施肥量、氮磷钾比例及底肥、追肥比例。对于已长成的可进行共生固氮的苜蓿而言，一般氮肥不可施用过多，以总施入量50～100 kg/hm^2（纯N）为宜。苜蓿对磷、钾的需求量也很大，若种植地土壤磷钾并不十分缺乏时，一般施钾量在90～270 kg/hm^2（K_2O）为宜，施磷量在45～180 kg/hm^2（P_2O_5）范围内即可。当种植地的土壤特别贫瘠时，各施肥量可适当增加。由于采用水肥一体化施肥技术可以提高肥料利用率，因此可减少底肥比例，适当增加追肥次数，保证养分能得到及时有效利用。一般可全年施肥量分到每茬进行施加，建议在返青期进行施肥，以及时补充由于苜蓿刈割所带走的养分。滴灌水肥一体化实施过程中，为防止滴头阻塞，通常采用“清水—水肥液—清水”的灌溉施肥程序。因此，滴灌施肥过程中要根据施肥量、灌溉管理区面积、储肥桶容积、肥料溶解度等进行配肥计算，确定清水、水肥液和清水3个阶段的工作时间及相应灌水或施肥的肥液深度。通常施肥前需灌30 min左右的清水使管道中充满水，然后再施入肥液，施肥结束后再灌清水30 min左右，使管路中的肥液完全排除，防止滴头处有青苔、藻类及微生物等产生。

（4）维护与管理

合理安装和维护是确保滴灌系统有效长期使用的关键。一般来说滴灌系统安装完成后，流量和压力调节也还需继续进行，必须认真准确地检查、记录和调整。每周对流量和压力进行一次测试，可确保整个系统在苜蓿生长阶段保持在最佳运行状态。除此之外，定期清洗灌溉系统可有效减少滴头堵塞发生的概率。在灌溉季节，系统应在每50～80灌溉小时进行测试，如果水质差测试应更频繁。在清洗过程应注意以下问题：一是先冲洗支管，然后冲洗集水管；二是为检查出要解决的问题，需频繁地检测各个小区的流量和压力；三是每个季节至少将过滤和施肥系统检查3次，每120个灌溉小时对控制过滤器进行检查，处理硬水；四是对于某一时段没有灌溉的系统，也要进行冲洗处理；五是在季节末冲洗支管和集水管；六是当使用地下滴灌时虽然不经常大规模出现沉淀物，但仍需要选择氯化处理或酸处理。

5.3.2.2 圆形喷灌机水肥一体化技术

（1）圆形喷灌机系统的建立

建立圆形喷灌机系统首先需根据苜蓿种植面积、井泵流量等确定喷灌机长度、入机流量及喷头间距等参数。一般圆形喷灌机整机长度普遍在150～350 m，控制面积在8～35 hm^2，所需井泵流量在100～170 m^3/h。一般单井流量不能满足机组正常工作的情况下，可采用多井供水。对于入机流量、机组长度等参数已确定好的机组，通过合理的喷头配置使机组的灌水均匀性达75%以上。目前，圆形喷灌机机组中常采用低压喷头包括：Nelson公司的D3000、R3000喷头，Senninger公司的i-Wob、LDN喷头，以及Komet公司的KRT喷头。为保证喷头工作压力恒定，需在低压喷头上安装压力调节器，可选择Nelson公司及Senniger公司的15Psi或20Psi的压力调节器。当需扩大灌溉面积时，可为机组配置尾枪，常用的喷枪类型有Nelson公司的SR系列、Komet公司的Twin系列，以及国产的PY系列喷头。尾枪的开闭对施肥均匀性影响不大，施肥系统仍能稳定可靠地运行。

（2）注肥系统的建立

圆形喷灌机注肥系统主要由储肥桶、搅拌器、过滤器、注肥泵、注射喷嘴等部件组成，如图5-2所示。由于圆形喷灌机控制的苜蓿种植面积通常在10～35 hm^2，因此该系统中推荐采用的注肥设备为注肥泵，注肥泵流量在30～300 L/h范围内即可满足大部分用户需求。综合考虑机组控制面积、施肥量及注肥泵流量等，储肥桶的容积可定为2 000 L，也可根据用户实际情况再做调整。储肥桶需要配置搅拌器，用以搅拌肥液，使肥料充分溶解在水中。同时为使系统注肥稳定，防止灌溉水逆流，需安装注射喷嘴。整个注肥系统可根据需要调节流量，比例式注肥稳定可靠，操作方便。

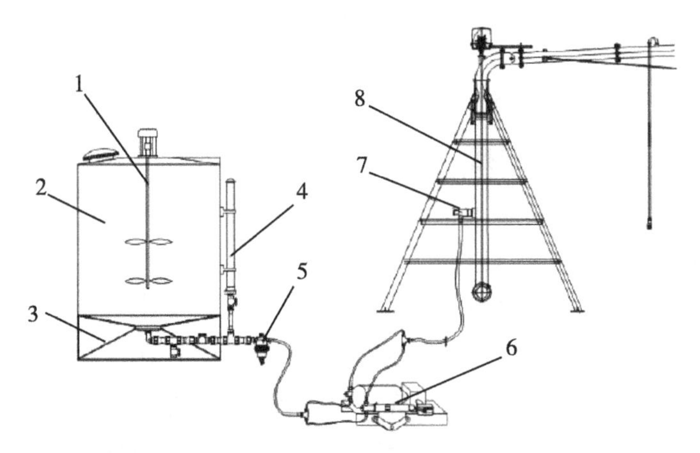

1. 搅拌器；2. 储肥桶；3. 托架；4. 泵流量率定管；
5. 过滤器；6. 注肥泵；7. 注射喷嘴；8. 圆形喷灌机

图5-2　圆形喷灌机注肥系统

（3）灌溉施肥制度的确定

a. 灌水制度

圆形喷灌机水肥一体化技术的灌水制度的灌水下限、灌水次数、灌水量等均可遵循上节圆形喷灌机的灌溉管理所述内容与要求，不再赘述。需要注意的是，圆形喷灌机灌水深度与机组行走速度、入机流量以及百分率计时器设定值有关，相关计算公式如下。

$$t=\frac{2\pi L}{60kv}\times 100$$

式中，t表示机组转一圈需要的时间，单位为min；L表示末端塔架到中心支轴的距离，单位为m；k表示百分率计时器设定值，单位为%；v表示末端塔架的最大行走速度，单位为m/min。

$$I=\frac{Qt}{10A}$$

式中，I表示灌水深度，单位为m^3/hm^2；Q表示入机流量，单位为m^3/h；t表示机组转一圈需要的时间，单位为h；A表示机组控制总面积，单位为hm^2。

根据上述公式可计算不同百分率计时器设定值下机组的灌水深度，若已知所需的灌水量，根据上述关系反算出百分率计时器所需设定的值，从而完成灌溉。

b. 施肥制度

圆形喷灌机水肥一体化施肥制度中苜蓿施肥依据及推荐施肥量与滴灌水肥一体化技术一致，不再赘述。施肥时间仍建议在每茬返青期进行施肥，并在现蕾期补喷少量尿素、苜蓿专用肥或微肥等以提高苜蓿品质。为保证肥液能均匀地喷洒到田间，喷灌机组的运行速度需要根据施入的肥液体积、注肥泵流量及控制面积等确定。本文用以下算例给出圆形喷灌机水肥一体化的施肥计算方法，仅供用户参考。

圆形喷灌机控制面积为15 hm^2的苜蓿种植区，需要施入100 kg/hm^2的尿素。注肥系统所采用的注肥泵流量为300 L/h，储肥桶容积为2 000 L，喷灌机入机流量为60 m^3/h。圆形喷灌机百分率计时器为100%行走时，运行一圈所需时间为6.1 h。已知尿素在10 ℃时的最大溶解度为0.85 kg/L，实际的最大溶解度需乘0.8的安全系数进行计算。

上述中整个种植区苜蓿需要施入的尿素总量为：15 × 100=1 500 kg。按最大溶解度将肥料溶于储肥桶中，所需的肥液体积为：1 500 ÷（0.85 × 0.8）=2 206 L。因此一桶肥液不能将肥料完全施完，需要平均配置两桶，每桶1 103 L肥液。施完所有肥液所需时间为：2 206 ÷ 300=7.35 h，施肥所需时间大于喷灌机100%行走1圈所需时间，因而百分率计时器可调整为：6.1 ÷ 7.35=83%，喷灌施肥运行1圈后喷洒的水肥液深度可计算为：

$$\frac{(60+300\div1\,000)\times7.35}{15\times10\,000}\times1\,000=2.95\text{ mm}$$

此算例中施肥带来的灌水量为2.95 mm。

实际应用中，应尽量保证施肥时间与灌水时间相一致。一般情况下苜蓿所需灌水量应大于施肥带来的灌水深度，在施肥之后，需继续灌清水从而满足苜蓿水分需求。也可通过降低储肥桶中原始肥液浓度来增加所需施入的肥液体积，从而延长施肥时间，并使施肥时间与灌水所需时间相一致，实现同时满足苜蓿水肥需求，而无须单独灌清水。若按肥料最大溶解度计算得出的喷洒水肥液深度仍高于苜蓿所需灌水量，则可根据实际情况延迟施肥时间，避免由于施肥带入过多水分，造成水分及养分的流失。同时，需要注意的是，每次施肥后需清洗储肥桶，并注入清水，将注肥泵继续运行30 min左右，用于清洗管路，避免肥液残留腐蚀管路。

5.3.2.3 苜蓿水肥一体化操作注意事项

无论是滴灌水肥一体化系统还是圆形喷灌机水肥一体化系统，所采用的肥料必须为完全可溶性肥料，以防滴头或喷头阻塞。在滴灌水肥一体化技术中，每年苜蓿生长期内需要冲洗滴头1～2次，并定期检查、及时维修系统设备防止漏水或滴头阻塞影响系统灌溉施肥效果。

圆形喷灌机水肥一体化技术中，由于水肥液需直接喷洒到苜蓿叶片及茎秆上，为防止灼伤叶片，喷洒水肥液质量浓度应小于0.4%；由于圆形喷灌机水肥一体化技术中会产生氨挥发损失，在施用氮肥时应选在辐射、风速较小，湿度较大的傍晚进行，减少肥料损失；在圆形喷灌机水肥一体化实施过程中，切记在运行注肥泵前，需使机组处于喷水运行状态。不可在机组未运行情况下，先开启注肥泵，以免注肥口处压力过大使肥液无法注入。

6 苜蓿病虫害、杂草及其防治

苜蓿病害和虫害面积高达50%以上，造成苜蓿产量损失20%以上，严重时减产50%以上，每年病虫害造成的经济损失可达数十亿元。苜蓿苗期生长缓慢，与杂草相比竞争能力较弱，因此很容易受到杂草的侵扰危害，轻者降低饲草产量和质量，重者甚至导致建植失败而毁种。

6.1 苜蓿主要病害及其防治

近年来，随着畜牧产业结构的调整，牧草种植业正在蓬勃发展，苜蓿以品质优良，营养丰富而备受青睐。近几年来，随着我国农业产业及畜牧业发展结构的调整，苜蓿种植面积的进一步扩大，病害已成为苜蓿生产的主要限制因素之一，不仅使牧草产量降低，而且严重影响品质，造成较大的经济损失。据报道，每年全世界由于病害而造成苜蓿减产达20%以上，病害不仅使苜蓿产量大幅度减少，而且降低品质和适口性，严重影响苜蓿的饲用价值和经济价值。

苜蓿病害发病部位有叶部和根部。我国苜蓿病害大约有37种，主要包括苜蓿褐斑病、苜蓿霜霉病、苜蓿白粉病、苜蓿锈病、苜蓿花叶病、苜蓿春季黑茎病、苜蓿黄萎病、苜蓿炭疽病、苜蓿菌核病和苜蓿根腐病等。其中，甘肃32种、新疆25种、云南20种、吉林和黑龙江19种、内蒙古18种、江苏17种、宁夏15种。大范围发生并引起灾害性损失的主要有苜蓿褐斑病、苜蓿霜霉病、苜蓿白粉病和苜蓿根腐病。

6.1.1 苜蓿叶部常见病害

6.1.1.1 苜蓿褐斑病

苜蓿褐斑病是由苜蓿假盘菌引起的一种病害，又称叶斑病，是苜蓿种植区域常见并且破坏性很大的病害之一，主要发生在第1、2茬刈割和秋季再生的时候。虽不致植株死亡，但是对其生长有很大的影响，在我国北方地区为害较为严重，不仅使牧草产量下降，而且严重影响干草和种子的品质。苜蓿褐斑病于1956年首次在南京被发现，目前该病在我国新疆、甘肃、宁夏、陕西、内蒙古、吉林、河北、山西、山东、湖北、江苏、云南等省（区）均有报道，但实际上此病可能遍布国内所有苜蓿种植地区，是我国苜蓿生产中最为常见及为害性较大的病害之一。

主要症状表现为感病叶片出现褐色圆形小点状的病斑，边缘光滑或呈细齿状，直径0.5 ~ 2 mm，互相多不汇合。后期病斑上出现浅褐色盘状突起物，直径约1 mm。病原菌的子座和子囊盘多生于叶上面的病斑中。茎上病斑长形，黑褐色，边缘整齐。一般情况下，植株在潮湿的环境中很容易感染此类病害，如果不能及时处理，将会诱发叶片泛黄甚至枯死，严重时导致叶片脱落，产量降低，植株中的粗蛋白质的含量也会明显减少，销售价值降低。苜蓿生长季中后期多发，阴凉潮湿条件的秋季多发，对第1茬苜蓿基本不造成伤害，病菌随风雨弹射在下部叶片上侵染，在田间多次侵染。

苜蓿褐斑病在种子田的发病率达100%，发病严重的苜蓿植株下部1/3处叶片全部脱落，病株较健株叶片重量下降12.5%。在新疆北部和甘肃地区，病叶率为55% ~ 100%，病重时牧草减少15% ~ 40%，粗蛋白质含量下降16%，可消化率下降14%左右。北京及周边地区重病地苜蓿褐斑病发病率可达80%以上，落叶率达60%以上，减产40% ~ 60%。褐斑病的发病日期与病情指数间呈显著正相关，一般6月中旬开始发病，随着气温上升、降雨增多，发病日趋严重；发病后期，病株叶片大量脱落，严重影响苜蓿的产量和品质。

褐斑病的防治可选用抗病品种、适宜草地管理和化学防治等方法。①目前抗病品种包括新牧1号、新牧2号、新疆大叶苜蓿、加拿大的润布勒苜蓿、巴瑞尔和阿毕卡苜蓿。②适宜草地管理措施一般是指与禾本科牧草混播，可明显降低发病率。留种草地应宽行条播；冬季燃烧病残株体，减少次春初侵染菌源。根据当地苜蓿生长发育情况和病害发生情况，第1次刈割利用宜在病害高峰之前，以减轻下茬草的病害程度。③必要时可用灭菌剂定期喷施进行防护，包括代森锰锌、百菌清、绿乳铜乳油、多菌灵、福美锌等化学药剂。

6.1.1.2 苜蓿白粉病

苜蓿白粉病是由真菌（豌豆白粉菌和内丝白粉菌）引起的。主要在苜蓿叶片正反面、茎、叶柄及荚果上出现一层白色霉层，似蛛网丝状。最早出现小圆形病斑，以后病斑扩大，相互汇合，覆盖全部叶面，形成毡状霉层，后期产生粉孢子（分生孢子），病斑呈白粉状，末期霉层为淡褐色或灰色，同时有橙黄色至黑色小点即病原菌闭囊壳出现。

苜蓿白粉病多发生于干旱地区，尤其是温度21～27 ℃、湿度在50%～70%的环境中，发生率最高。内丝白粉菌引起的白粉病主要分布在新疆、甘肃、内蒙古和陕西，而豌豆白粉菌引起的白粉病则分布在新疆、甘肃、西藏、陕西、四川、河北、安徽、山西、云南、吉林等省（区），发病后，苜蓿植株光合效率下降，呼吸强度增强，严重抑制苜蓿生长。初期阶段叶片与花柄等部分可能会有丝状斑点，之后会扩大呈现出白粉状态，在病情严重之后白粉状态的斑点中会有黄色、褐色的小点，严重的甚至会导致叶片脱落。

白粉病的防治可选用抗病品种、适宜草地管理和化学防治。①由于白粉病是严格寄生菌，对寄主专化性强，因此采用抗病品种防治十分有效，包括巨人201、金皇后、天水苜蓿和庆阳苜蓿等品种。②采取一定的管理措施进行防治，其中冬季焚烧可通过减少田间残体和生长季中的初侵染源，进而减轻病害。发病较严重的苜蓿地块，应及时刈割以减少菌源，减轻下茬的发病。③采取喷洒粉锈宁、苯菌灵、甲基托布津和灭菌丹等。

6.1.1.3　苜蓿锈病

苜蓿锈病属于苜蓿植株生长期间较为常见的病害。苜蓿锈病是由条纹单胞锈菌侵染所引起的真菌性病害。植株地上部均可被感染受害，以叶片最重。叶片两面，主要是叶背面、叶柄、茎等部位开始出现小的褪绿斑，随后呈疱状隆起，最后表皮破裂露出铁锈色粉末。发病后叶片褪绿、皱缩，干热时容易发生萎蔫，出现提前干枯脱落现象。苜蓿感染锈病后，光合作用下降，呼吸强度上升，由于植物表皮受到孢子堆的破坏，使水分蒸腾作用显著增强，导致叶片正常生长受到不利影响，产量降低，严重的减产率甚至会在65%左右。

苜蓿锈病是苜蓿种植区一种普遍发生的病害，我国苜蓿种植较多地区均有发生，尤其在甘肃、内蒙古、宁夏、陕西、江西等省（区）发生较为严重。苜蓿条纹单胞锈菌侵染需要高湿和19 ℃左右温度，侵染成功后，在25～30 ℃可使苜蓿锈病的潜育期达到最短。温度、湿度越高的环境发病率就越高。由于我国北方秋季气候条件满足了这一习性，这也是秋季成为苜蓿锈病高发季节的主要原因。在灌水频繁或者灌水量过大的地区，可造成有利于锈菌夏孢子发芽的田间湿度条件，苜蓿锈病会严重发生。在我国北方地区，6月上旬开始发生，7月雨季来临后，进入病害流行期。氮肥施入过量，苜蓿种植密度过大，生长过程中出现倒伏均可加重锈病的发生。

苜蓿锈病的防治可选用抗病品种、适宜草地管理和化学防治。①目前的抗病品种包括莫伯、阳高、富平、咸阳等。②采取一定的管理措施包括合理灌溉、排水，增施磷肥和钾肥，少施氮肥，也可进行冬季焚烧进而减轻病害。③化学防治手段包括喷洒粉锈宁和代森锰锌等。

6.1.1.4　苜蓿霜霉病

苜蓿霜霉病是由苜蓿霜霉菌引起的病害，多发生在阴凉、潮湿的苜蓿种植区。在我国广泛分布于各苜蓿种植省（区），包括新疆、甘肃、青海、宁夏、内蒙古、四川等。在甘肃河西地区，发病率达48.5%，临夏地区发病率高达80%以上。病菌通常以残枝上的休眠孢子越冬，早春时随风雨传播侵染，幼嫩的叶片易染病。发病后叶片出现不规则褪绿斑，淡绿色或黄绿色，潮湿时叶背出现灰白色至淡紫色霉层，严重时植株大量落花、落荚，叶片变黄枯死。生长季节温凉潮湿的地区有利于此病发生，炎热干燥的夏季停止发病，因此，春秋季出现发病高峰期，在我国北方地区，第一茬苜蓿受害最为严重。

植株在发病之后，叶面正面出现褪绿斑，形状不规则，无明显边缘，叶片背面有灰白色（淡紫色）的霜状霉层，外围呈黄色，叶片多向下卷曲。受害植株茎秆扭曲，变粗，节间缩短，全株褪绿。孢子产生时病斑变成灰褐色，易脱落。苜蓿霜霉病主要在川原灌区和阴湿地区发生，发病较早，始发于4月下旬到5月上旬，一般在6月初和7月底有2个发病高峰，8月下旬病害基本停止发展。植株病情加重之后，颜色开始逐渐变浅，叶片也会呈现出向下部弯曲的现象，生长的速度减慢，严重的时候甚至会导致出现叶片枯死的现象。

苜蓿霜霉病的防治可选用抗病品种、适宜草地管理和化学防治。①选用抗病品种，如中兰1号苜蓿。②采取一定的管理措施，头茬苜蓿尽早刈割，可以减少发病；合理排灌，防止田间过湿，春季返青后及时铲除系统发病植株可有效控制病害。③利用波尔多液、甲霜灵锰锌、百菌清、代森锰锌等药剂进行化学防治。

6.1.2 苜蓿根部常见病害

6.1.2.1 苜蓿炭疽病

苜蓿炭疽病属于真菌病害，3种常见病原菌分别是三叶草刺盘孢、毁灭刺盘孢、平头刺盘孢。在我国东北、华北、华东和西南等14个省（区）均有发生。整个生长期持续为害，在温暖潮湿的条件下易发病，最严重时导致苜蓿减产25%。

苜蓿炭疽病的主要为害苜蓿的茎部和叶部，对叶柄、荚果和根部也有危害。发病初期病斑出现黄褐色针状斑点，微凸显，后期病斑扩展变成圆形或椭圆形，呈黄褐色或赤褐色，边缘深褐色。病斑中央出现许多凸起黑色小点，即这些黑点为病原菌的分生孢子盘，有时形成明显轮纹，严重时叶片褪绿。植株茎、叶、荚果均受侵染，根茎部最易受害发病，植株枯萎，严重时造成死亡。植株细小，生长不良，常引起草地出现裸地。病斑稍凹陷，边缘呈褐色，边缘以内呈甘草色，上生许多黑色小点。发病严重时，病斑可环绕茎部或多个病斑互相连接，造成茎的折断。最明显的症状是青黑色的根茎腐烂。

在我国北方地区，苜蓿炭疽病发生一般在5月上旬至9月上旬，7月进入发病高峰。病菌在植株残枝上越冬，雨水、露水及喷灌均有助于病菌的传播，夏天高温季节病害发展迅速。使用抗病品种，合理密植、刈割尽可能降低留茬高度，减少田间菌源可降低炭疽病的发生。

6.1.2.2　苜蓿根腐病

苜蓿根腐病是由土传真菌侵染引起，在苜蓿各个生长期均可造成严重为害的土传病害。主要病原菌包括镰刀菌、腐霉菌、丝核菌、疫霉菌等。根腐病在我国新疆、甘肃、内蒙古和吉林均有发生。土壤湿度过高有利于病害的发展，受伤植株易感染，春季雨多、梅雨季节、多雨年份发病严重。病害发生严重年份，植株死亡率高达50%。该病菌在土壤和残茎中能长期存活，土壤湿度大或者田间积水易发病，在第1年的幼苗上很少发病，多数是从第2年或第3年开始，通过侵染根部或者颈部伤口进入植株，引起植株组织变色至整个植株萎蔫，发病苜蓿在越冬时易死亡。

发病时，苗期全株叶片发黄至红褐色，黄褐色小病点逐渐扩大，呈黄褐色水浸状，边缘不明显呈圆形，长圆形病斑，由根毛逐步向根尖和茎基部扩展。成株根尖和根的中柱黑色腐烂，皮增组织至木质部变为黄色至褐色，根茎和根中部变空，侧根大量腐烂，主根呈红褐色至暗褐色，最后全部死亡。其病原菌的种类和数量因地区和生态条件而异。

适时刈割，且刈割次数不宜过多；合理施肥，及时调整土壤pH值及肥力可有效控制根腐病的发生。使用百菌清、代森锰锌、甲基托布津、噁霉灵等化学药剂可起到有效的防治作用。

6.2 苜蓿主要虫害及其防治

目前我国已报道的苜蓿害虫种类共297种，共8目48科，鳞翅目和鞘翅目害虫的种类最多。鳞翅目害虫有123种，鞘翅目害虫有114种，半翅目害虫有20种，同翅目害虫有14种，直翅目害虫有11种，缨翅目害虫有9种，双翅目害虫有4种，膜翅目害虫有2种。目前常发成灾的有苜蓿斑蚜、豌豆蚜、牛角花齿蓟马、苜蓿盲蝽、苜蓿叶象甲等。

其中，东北、华北地区苜蓿蚜虫、苜蓿盲蝽普遍发生，草地螟周期性爆发；西北地区干旱少雨，苜蓿蓟马、蚜虫为害十分突出，特别是蓟马在苜蓿整个生育期持续为害；新疆地区苜蓿叶象甲为害态势严重；黄土高原区地下害虫金龟甲、拟步甲随着苜蓿种植年限的增加种群迅速增长，已成为主要害虫。

6.2.1 蚜虫类的分布与防治

蚜虫又被称作“蜜虫”，主要就是普通蚜虫、翅蚜等，具有爆发性的特点，是同翅目蚜科的虫害。为害苜蓿的蚜虫一般包括苜蓿蚜、豆无网长管蚜和苜蓿彩斑蚜。从外表来讲，蚜虫具有一定的柔软特点，体积很小，和针头的大小相似，表面有着一定的光泽度，身上还有很多明显的斑点，口器处于刺吸的状态，触角的长度很大，一共有6节。该害虫的颜色是黄褐色，尾片具有细长的特点，并且两侧区域长有刚毛。

苜蓿蚜，有翅胎生成蚜体长1.5 ~ 1.8 mm，黑绿色，有光泽，触角6节，主要分布于新疆、甘肃、内蒙古、宁夏、山东、广东、广西、福建、湖南、湖北和四川等地区。豆无网长管蚜，身体为黄绿色，足细长，为淡黄色，分布在全国各地。苜蓿彩斑蚜，身体为黄色，背部有彩斑。苜蓿蚜，无翅，身体为黑色或紫黑色，分布在甘肃、宁夏、北京、吉林、辽宁、山西。

在苜蓿生长的过程中，多数蚜虫都会在嫩茎区域、叶片背面区域、顶芽区域等聚集，蚜虫用口器吸取汁液。受害植株叶子卷缩，花、蕾变黄脱落，生长发育、开花、结实、鲜草产量受限，严重时植株成片死亡。

苜蓿蚜一年发生数代至20余代，豆无网长管蚜和苜蓿彩斑蚜一年发生数代。苜蓿蚜的发生主要与环境有关，包括温度、降水和湿度。苜蓿蚜繁殖的适宜温度为16～23 ℃，低于15 ℃或者高于25 ℃，繁殖受到抑制。大气湿度和降水是决定蚜虫种群数量变动的主导因素，适宜的相对湿度为60%～70%，低于50%或高于80%时，蚜虫繁殖受到明显的抑制。

蚜虫的防治可选用培育天敌、田间管理和化学防治。①培育天敌，如瓢虫、蚜茧蜂、食虫蝽、食蚜蝇、草蛉和蜘蛛等捕食性天敌，天敌在苜蓿田间有较多数量及种类，可有效抑制蚜虫为害，尤其是在苜蓿中后期数量会增多。②田间管理，苜蓿与禾本科牧草、农作物轮作；早春耕地、冬灌均能杀死大量越冬态蚜虫；推迟或提前进行刈割；在冬季、早春时在苜蓿老茬地进行中耕等。③化学防治，用药应高效低毒，为防止误杀蚜虫天敌，用药前应了解害虫及天敌种类、数量比，严格根据实际情况制定标准。一般在天敌与害虫数量比为1∶12以上时，用7.5%农欣乳油1 500倍液、4%蚜虱绝乳油1 800倍液、21%铃蚜速灭乳油2 000倍液、速可杀乳油2 000倍液及30%灭虫多2 500倍液等任选其一喷雾防治，均可取得很好的效果。

6.2.2 蓟马类的分布与防治

蓟马是微体昆虫，成虫产卵于花、叶、茎组织中，长0.5～1.5 mm，个体细小，成虫灰色至黑色，若虫灰黄色或者橘黄色，跳跃性强，为害隐蔽，检查时将苜蓿枝条拍打到白纸板和手掌上肉眼可见。蓟马主要有牛角花齿蓟马、稻蓟马和苜蓿蓟马等十几种，其中牛角花齿蓟马是苜蓿蓟马的优势种。

蓟马主要就是依靠着苜蓿汁液维生素所生长的害虫，苜蓿受害部位主要为花器、心叶、嫩荚等幼嫩组织，被害叶片皱缩、卷曲以致枯死，叶片中脉两侧有对称白色皱痕，生长点受害后发黄、凋萎，顶芽停止生长，青草产量与质量下降。蓟马在花中取食、破坏柱头，造成落花，荚果受害形成落荚、瘪荚，种子产量严重降低。主要在苜蓿第1茬种植的过程中发生，对叶片组织等都会造成危害，在发生虫害之后，会导致植株出现皱缩现象、卷曲现象，甚至会使得整个植株枯死。

苜蓿蓟马的防治可选用培育天敌、化学防治和选育抗虫品种。①培育天敌，捕食性的横纹蓟马与各种蜘蛛为数量最多的苜蓿蓟马天敌，以一头勒平腹蜘蛛为例，日捕食蓟马16.4头。横纹蓟马主要捕食蓟马的若虫和卵，当其与蓟马数量比为1∶8时，几乎所有植食性蓟马的若虫和卵都会被消灭。并且捕食性蓟马体型较大，每个个体可携带花粉达340粒，对苜蓿传粉有极大帮助。②化学防治，用20%速可杀乳油2 000倍液、25%桃小净乳油2 000倍液等在生长季内喷药效果很好。③选育、选用抗虫苜蓿品种。

6.2.3 草地螟的分布与防治

苜蓿植株在实际生长的过程中，草地螟属于经常出现的害虫，具有杂食性的特点，成虫的长度在10 mm左右，翅膀的长度为23 mm左右，触角具有丝状的特点，前部翅膀的颜色是灰褐色，有着暗褐色的斑点，后部翅膀的颜色是黄色，有着条纹状态的斑点。在苜蓿生长期间有草地螟虫，很容易导致叶片被吃光，对植株的正常生长会造成不利影响。

草地螟主要分布与东北、内蒙古、西北等地区。成虫体长8～12 mm，静止时身体成三角形前翅暗褐或灰褐色。杂食性害虫，具有爆发性和迁移为害的特点，主要为害为幼虫取食叶片，幼虫有5个幼龄，3龄前喜食苜蓿叶，可将苜蓿叶吃成残缺状或全部吃完，然后成群转移，可使草地成片光秃。成虫在7月下旬到8月上旬早晨或傍晚到苜蓿花上吮吸花蜜。

可通过对人工草地进行冬灌、秋耕、耙耱等土壤耕作，减少越冬虫源。清除道旁和田间地埂，避免产卵；若已在苜蓿上产卵或幼虫孵化，可用灭虫剂清除。用黑光灯诱杀成虫，或自制捕虫网捕捉成虫。

6.2.4 盲蝽类的分布和防治

盲蝽是一类多食性害虫，寄主范围十分广泛，除为害各种豆科牧草外，还为害禾本科牧草、棉花、蔬菜和油料等作物。为害苜蓿的盲蝽主要有苜蓿盲蝽、牧草盲蝽、三点盲蝽、绿盲蝽、中黑盲蝽，属半翅目，盲蝽科。

盲蝽成虫的长度在4 mm左右，身体上有较为密集的短毛，颜色为绿色，具有复眼的特点，没有单眼。前胸区域的颜色是深绿色，并且存在很多黑点，前缘非常宽，前部翅膀膜处于半透明的状态，颜色是暗灰色，前足的颜色是黄绿色，后足的末端区域的颜色是褐色。苜蓿盲蝽主要分布于东北、新疆、甘肃、河北、山东、江苏、浙江、江西和湖南北部。盲蝽若虫、成虫均以口器吸食苜蓿叶、芽、花蕾、嫩茎和子房，同时在刺吸部位注入有毒唾液，导致植株矮化、种子瘪小，被害植株往往变黄凋萎，子房、花蕾脱落，仅余花梗，甚至整个茎叶枯干，严重影响苜蓿种子，大大减少了鲜草产量。

设置幼虫带，早刈低刈，烧茬。苜蓿开花达到10%时进行采割，可以降低为害，减少若虫羽化数量；齐地收割，大量割去茎中的卵，降低田间虫量，减少越冬虫口数。幼虫期是最佳防治期，常用20%速可杀乳油2 000倍液、4%蚜虱速克乳油2 000倍液、21%铃蚜速灭乳油2 000倍液、30%灭虫多乳油3 000倍液等喷雾防治。防治时一般采用点片防治，严禁大面积普防。

6.2.5 苜蓿籽蜂和象甲的分布与防治

苜蓿籽蜂属膜翅目，广肩小蜂科。在国内主要分布于新疆、甘肃、内蒙古等省（区），幼虫在种子内蛀食，严重影响苜蓿种子品质。雌蜂体长1.2 mm，全体黑色，头大，有粗刻点，复眼酱褐色，触角较短，共10节。1年可发生1～3代，以幼虫或蛹在仓库或田间的种子内越冬、生活，随种子调运传播。结荚期、成熟期发生数量最多。苜蓿籽蜂仅为害苜蓿种子，对草产量并无影响。被害的种皮呈黄褐色，多褶皱。籽蜂由幼虫羽化后在种子或荚皮上留下小孔，这是田间诊断有无苜蓿籽蜂的标志。在一块草地上不宜连续收种两年，收草、收种应当交替进行。用开水烫种子30 s即可杀死所有幼虫，或以50 ℃热水烫种子30 min，效果也可。入库的种子以二硫化碳进行熏蒸，每100 kg种子用100～300 g药；或用溴甲烷，每立方米有效浓度6～7 g，可取得较好的防治效果。

苜蓿象甲在国内主要分布于甘肃、内蒙古及新疆等省（区）。成虫体长4.5～6.5 mm，头部有一部分延伸为象鼻状，1年发生1代，部分地区1年发生2代，以卵或成虫越冬。从茎秆中孵化出的幼虫部分钻入花芽、嫩枝和叶芽内进行为害，3日龄的幼虫在苜蓿植株顶端的展开的叶上取食，食取叶肉，仅剩叶脉，接着逐步取食下叶片。防治方法可提前进行收割，可将幼虫、卵随苜蓿一起带走；或利用天敌，主要有苜蓿象甲姬蜂、小姬蜂和七星瓢虫等，或进行药物防治。

6.3 苜蓿杂草种类、危害及防治

杂草是影响苜蓿种植的重要因素，主要通过3个方面产生影响。一是与苜蓿争夺水分、养分和光照，通过影响苜蓿的正常生长，最终影响其产量和品质。二是分泌对苜蓿有害的物质，进而刺激苜蓿，导致其不能正常生长。三是过多的杂草也会增加病虫害的侵染率。做好杂草的防除是苜蓿产业发展的关键。苜蓿建植初期，苜蓿苗弱小，相对杂草未体现出生长优势，生长缓慢，严重情况下会导致建植失败。当苜蓿地中杂草的覆盖度达到20%时，产草量将下降15%；当覆盖度达到40%时，产草量降低达59%。

苜蓿田的杂草种类很多，不同地区杂草的优势种群有一定的差异，而且随着前茬作物种类的不同而变化，如前茬为小麦，则荠菜、播娘蒿、葎草、猪毛草等麦田常见杂草危害严重；前茬为玉米，则刺儿菜、铁苋菜、反枝苋、马齿苋、稗草、狗尾草、马唐发生严重。在华北地区，苜蓿地杂草的主要危害时期是春、夏、秋3个季节，即每年的4—8月。在播种当年，杂草的重发期在苜蓿幼苗期，尤其是春播或夏播；建植一年以上的苜蓿地，杂草的度较建植当年的明显降低，但杂草仍然威胁着苜蓿的生长，特别是在春末夏初头茬苜蓿收获之后，此时水分和温度都有利于杂草的生长，很容易形成草害。

6.3.1 杂草种类

苜蓿田的主要杂草共有31种，其中以菊科、禾本科、藜科和蓼科为主。从植物分类角度来说，杂草分为单子叶和双子叶杂草。单子叶杂草的主要特点是胚具有1片子叶，叶片通常为平行脉或弧状脉，又分为禾本科杂草和莎草科杂草，主要区别是后者茎为三棱形、实心、无节。从杂草生活史角度来说，杂草又分为一年生杂草、二年生杂草和多年生杂草。①一年生杂草，一年内可完成种子萌发、生长、开花、结果直至死亡。这类杂草在农田中发生种类多、数量大，是主要的危害植物，包括稗草、马唐、马齿苋等，它们的最适发芽温度为20～35 ℃。②二年生杂草，第一年夏秋季种子萌发，第2年开花结果后死亡。一年生和二年生杂草主要靠种子繁殖，所以在防治策略上应重视减少杂草种子落入田间的数目，应在开花结实前清除。③多年生杂草，指可连续生活两年以上，尽管多年生杂草的危害面积不如一年生杂草大，但在局部的危害经常超过一年生杂草。

苜蓿田杂草的种类和分布规律与苜蓿田土壤肥力高低、播期和刈割茬数有关。①土壤肥力，低产田主要杂草种类有獐茅、白茅、芦苇、马唐、稗草、苣荬菜、灰绿碱蓬、香附子等；中产田主要杂草种类有马唐、狗尾草、虎尾草、阿尔泰紫苑、青蒿等；高产田主要杂草种类有马唐、虎尾草、狗尾草、牛筋草、苦荬菜、播娘蒿、夏至草、马齿苋等。②播期，春播田以阔叶杂草和一年生禾本科杂草危害为主，主要杂草群落有藜+葎草+稗草；反枝苋+苘麻+苣荬菜+稗草；苘麻+反枝苋+藜+稗草+狗尾草。秋播田以越年生及少数一年生阔叶杂草危害为主，主要杂草群落有紫花苜蓿—荠菜+夏至草+泥胡菜+打碗花；荠菜+播娘蒿+打碗花；荠菜+打碗花+藜；荠菜+马齿苋+反枝苋+藜。③刈割茬数，第1茬苜蓿刈割后以豆科、藜科、茜草科、菊科、禾本科、马鞭草科的杂草危害为主，第2茬刈割后以菊科、藜科、禾本科的杂草危害为主。

6.3.2 杂草对苜蓿的危害

基于相对多度、危害率、株高、杂草对苜蓿草品质的影响和杂草对适口性的影响这5方面进行综合评价，才能更全面地反映出各杂草组分在苜蓿田的相对危害性。杂草对苜蓿的危害程度与杂草种类、苜蓿播种时间和刈割茬数有关。

6.3.2.1 危害程度与杂草种类

发生普遍的杂草有藜、反枝苋、铁苋菜、稗草、马唐、牛筋草、打碗花、马齿苋、荠菜、狗尾草、苘麻。其出现频率分别为75.5%、70.8%、55.0%、50.0%、45.0%、37.5%、35.0%、32.5%、32.5%、32.5%、30.0%。危害严重的杂草，造成二级以上危害超过30%的有反枝苋、藜、稗草、马唐、牛筋草、铁苋菜、狗尾草，分别为67.5%、52.5%、45.0%、45.0%、37.5%、30.0%、30.0%；造成三级以上为害超过30%的有反枝苋、马唐，分别为45.0%和37.5%。

6.3.2.2 危害程度与播种苜蓿时间

苜蓿主要分为春夏和秋季播种。苜蓿春播多在谷雨前后，夏播在芒种到夏至之间。由于秋季播种后，杂草处于幼苗期或幼株期，有些杂草在冬前即死亡，第2年地表层的杂草种子量明显减少，因而杂草种类相对较少，危害也较轻。春季播种田间杂草种类较多，随着气温的升高，杂草生长旺盛，危害严重。因为缺少冬季的生长积累，春播和夏播苜蓿不像秋播苜蓿那样有许多新芽，多数为单枝条株型，郁闭度较差。这种较低的郁闭度，为杂草的生长提供了充分的空间。因此，秋播苜蓿杂草危害程度低于春夏播苜蓿。

尽管春播和夏播前同样进行地面翻耕处理，因苜蓿株间和行间空地的存在，杂草仍以其对当地生态环境的高度适应性和顽强的生命力旺盛生长。夏季，春播苜蓿的田间杂草最为复杂，除了已经开花结籽的播娘蒿、荠菜随着环境温度的升高逐渐枯死外，所有杂草都在抢夺光、热、水和空间，但多处于幼苗期。禾本科的马唐、画眉草、牛筋草、虎尾草、狗尾草的幼苗生长速度极快，若未及时清除，可很快在局部地段形成优势种。秋季，如果夏季田间管理措施到位，及时清理了禾本科杂草幼苗，第1茬苜蓿的种群优势非常明显。反之，则会处于禾本科杂草的包围。

6.3.2.3 危害程度与刈割茬数

在不同收获茬次期间，苜蓿田不同杂草种类的危害率是有差异的，这可能是受杂草种子库中的杂草种子种类及数量影响的结果。在头茬苜蓿刈割之后，春天萌发的杂草正处于营养生长期，适宜的水热条件导致杂草发生危害严重。而在第2茬苜蓿刈割之后，灰绿藜、反枝苋、稗草、苍耳等杂草的相对多度在减少，其可能原因是这些杂草是由上一茬收割后萌发产生的，其再生性差。

6.3.3 苜蓿杂草的防治

苜蓿地杂草防治需要综合运用选择品种、农艺和化学防除等多项措施，把握住早、准、快、狠和净的原则，以获得最佳的生态效益、社会效益与经济效益。

6.3.3.1 选择品种

播种前必须精选种子，一般用风机或筛子清除杂草种子。由于苜蓿与杂草对生长环境的要求不同，适当调整播期，能在一定程度上防除杂草。苜蓿播种主要在春季、夏季和秋季3个时期，秋播苜蓿田中杂草的危害轻于春播和夏播，这主要是由于秋季播种后，可使同时发芽的杂草幼苗在入冬时被冻死，来年不能开花结实，以此减少杂草的危害。在夏秋季适期晚播，苜蓿出苗较早，当地温达到6～10 ℃时便可出苗，而大部分杂草发芽较晚，因此用顶凌覆膜的方式种植可抑制杂草生长。

6.3.3.2 农艺措施

（1）播前耕作

苜蓿为多年生豆科牧草，苗前期生长特别缓慢，很易受杂草危害，春播时尤其严重。春播前，需对前茬作物收后的土地浅耕灭茬。浇水诱发杂草萌发生长，杂草出苗后，浅翻耕破坏杂草生长或喷施灭生性除草剂杀死出苗的杂草，翻地时不可深翻土壤，以免将下层未萌发的杂草种子翻上来，造成2～3 cm土层内杂草种子再次污染。

（2）播前烧荒

准备播种苜蓿的地块，如果前茬管理粗放、杂草较多，可通过烧荒来防除大部分一年生和越年生杂草。实践证明，采用烧荒的方法对一年生杂草的防除率达78.49%，对越年生杂草的防除率为100%。烧荒是一项经济有效的除草措施，烧荒时连同田边以及与田块相毗连的野地一同烧，能烧死大量的杂草种子和病虫体。

（3）中耕除草

一般情况下，苜蓿播种后的第1年杂草危害最严重，因为苜蓿出苗较慢，给其他杂草的生长提供了机会。刚刈割后，杂草也较多。在苜蓿的生长过程中，应注意观察田间杂草的生长情况，在生长发育的关键时期，抓好农时做好中耕除草工作，对防除杂草非常重要。中耕除草还能疏松田间土壤，增强土壤的蓄水能力，促进苜蓿的生长发育。

（4）轮作措施

采取轮作方式是治理草害的有效措施，特别是对一些难除杂草，其他方法难奏效时，可选择轮作的方法。包括双子叶作物和单子叶作物的轮作等。长期种植苜蓿的田中，由于生态选择和化学药剂选择的结果，双子叶杂草的数量逐渐增多，在苜蓿田中，双子叶杂草的防除较单子叶杂草要困难，如果与单子叶作物（小麦）轮作，小麦地中的双子叶杂草相对容易防除，这样就会大大降低土壤种子库中双子叶杂草的数量，从而减轻双子叶杂草对苜蓿的危害。

6.3.3.3 化学防除措施

化学处理可防除未出苗或出苗早期的杂草，一般有播前处理、播后处理和休眠期处理3种方式。

（1）播种前处理

在整地后播种前于土壤表面喷施除草剂，然后再播种苜蓿。适用的除草剂有氟乐灵、草甘膦、地乐胺、灭草猛等。对于杂草生长严重的地块，整地浇水后，喷施氟乐灵1 500 mL/hm^2，2周后即可播种苜蓿，可防除一年生禾本科杂草和大部分一年生阔叶杂草。对多年生不易杀死根蘖型杂草播前用草甘膦进行喷打。地乐胺和灭草猛除草剂可有效防除稗草、狗尾草等田间主要杂草。这项技术要求喷药与播种有一定的间隔期，且药剂对苜蓿出苗要安全，要求土壤有一定的湿度，才能发挥药效。

（2）播后出苗前处理

苜蓿播种后大约1周的时间才能出苗，利用苜蓿出苗前的这段时间喷施除草剂，是农田化学除草中最常用的方法，该方法简单省工，操作方便。杂草出苗前，用氟乐灵、地乐胺、禾耐斯、都尔等除草剂喷雾后，在地表形成一层药膜。单子叶杂草的胚芽鞘和双子叶杂草的下胚轴是主要吸收部位，也是最敏感的部位，当杂草出土穿过毒土层时，吸收除草剂后中毒死亡，被封锁在土中。48%氟乐灵1 500 mL/hm^2+48%地乐胺1 500 mL/hm^{2}对苜蓿进行播后地表封闭，控制苗期田间杂草效果较好，且苜蓿种子发芽出苗基本不产生药害。

（3）苗后处理

苗后适用的除草剂有普施特、豆草隆、苯达松等。当苜蓿长出3叶以后，单子叶草害发生重的地块用5%闲锄600～900 mL/hm^{2}兑水450 kg/hm^{2}喷雾，此外精稳杀得、高效盖草能、拿捕净、精禾草克也可作为防效很好的禾本科杂草除草剂；双子叶杂草重的地块用5%的豆草特1 500 mL/hm^{2}兑水450 kg/hm^{2}喷雾。5%苜草净可防除大部分禾本科杂草和阔叶杂草。

（4）休眠期处理

利用多年生作物有休眠的特点，在苜蓿冬季休眠期至早春返青期，喷施土壤处理剂，既安全效果又好。可用70%的嗪草酮可湿性粉剂900 g/hm^{2}兑水450 kg进行喷雾处理。喷施除草剂时，要在适宜的气象环境下进行，最好在空气湿度大于65%、风速小于4 m/s时进行，一般选择晴天8:00之前或18:00之后喷施。喷雾时一定要均匀，避免重喷、漏喷和高空喷雾。

（5）茎叶处理

紫花苜蓿出苗后杂草3叶期前，应用5%普施特水剂1 800 mL/hm^{2}兑水250～300 L/hm^{2}进行喷雾防治，可有效防治紫花苜蓿苗期田间杂草危害。用药时间应在空气湿度≥65%的9:00之前和16:00之后进行为宜。紫花苜蓿生产田苗后应用10.8%高效盖草能乳油450 mL/hm^{2}和5%精禾草克乳油900 mL/hm^2，均可有效控制绝大部分禾本科杂草。除草剂混用可扩大杀草谱，但施用时应根据当地气候、土壤及杂草生育期而灵活掌握，必要时提前进行小面积试验。

7 苜蓿种植

7.1 苜蓿品种选择

我国是最适合苜蓿生长的区域之一，其中黄土高原、青藏高原、新疆等地区均有大量苜蓿种植，且多地存在各类野生苜蓿变种，因此我国国内到底有多少苜蓿种品，是一个难以彻底考究与解决的问题，对其的分类与识别将是一项长久而艰难的工作。

苜蓿生产需要进行种植区划分，需要根据实际的生产目标，结合所在的种植条件，在产量、持久性、抗病虫害和质量4个层面权衡。

人们常说的紫花苜蓿种植的“立地条件”包括：光（日照长短、光照强度）、热（植物生长热量单位）、水（降水或者灌溉）、气（节气及风蚀）、土（阴土与阳土、熟土与生土、肥土与瘦土、薄土与厚土、死土与活土）、肥（肥力与肥效）等若干的自然气候和土壤状况。抛开立地条件来独立的说品种好与不好，是站不住脚的。每个品种在“产量—持久—抗逆—质量”上的表现都不尽一致，各有千秋。

除上述条件以外，苜蓿品种还有一个最主要的性状那就是秋眠级，可以在很大程度上影响苜蓿的适应性、产量、持久性和质量。秋眠级就是植株在秋天来临时要休眠，准备越冬的性状，休眠早的品种叫秋眠型品种，其级别用FDR表示定为1～3级；休眠晚的品种定为非秋眠型品种，FDR为7～9级；介于两者之间的叫半秋眠型品种FDR定位4～6级。9个级别中的数字越大代表秋眠级别越高。目前也有更高级别的品种出现，如FDR为11、12等，主要种植在南方甚至赤道地区。做个比喻，秋眠级就是植物入冬早睡和晚睡的级差，睡得早的是秋眠型品种，级别低，如FDR为1，睡眠晚的是非秋眠型品种，级别高，如FDR为11。不同的地区特点对应适宜的秋眠级，才能保证作物可以安全过冬，且保证一定的质量与产量，否则种植户在苜蓿种植过程中将遭受重大损失。苜蓿品种的秋眠性同时也是苜蓿植株对低温和日照长短的一个生理反应表现，受到基因的调控。秋眠型品种对温度和光照长度比较敏感，当温度在10.4 ℃、光照长度为11 h时，将明显减慢或停止生长。而非秋眠型品种则在温度为7.8 ℃、光照为10 h时才开始减慢生长。

苜蓿是多年生牧草，很重要的一点是需要用多年数据来评价产量潜能，不可只拿当年新种植的数据来评判品种。有些品种在播种当年产量表现一般，但是在后来的年份表现出色。而有些品种在播种当年产量很高，但到第3年丰产期时却直线减产，以失败告终。因此，产量的表现一定要考察一个完整的生产周期。一般来讲，3年的数据可以代表此品种的潜力。

如果没有在农场进行过种植3年以上的品种观测比较，几乎不大可能确定哪个品种高产哪个品种低产。而连续且种植的观测结果需要满足5个条件：一是时间要连续；二是试验的设计要合理、有重复；三是土地要均一，具有代表性；四是观测方法得当，仔细认真；五是分析结果时采用科学的统计分析方法。

7.2 苜蓿整地和播种

苜蓿的适应性比较强，但也对种植的环境有一定的要求。苜蓿种子小，苗期生长慢，易受杂草的危害，播前一定要精细整地。整地时间最好在夏季，深翻、深耙一次，将杂草翻入深层。秋播前如杂草多，还要再深翻一次或旋耕一次，然后耙平，达到播种要求。种子小，肥质薄弱，一旦遭遇风吹雨打就容易发芽，但发芽之后又不经风水保养，长势非常缓慢。整地要求深耕、耕细、耱平、播种层紧密，掌握好适耕期，一般黏壤土含水量在18%～20%，粉砂壤土在20%～30%时为最佳适耕期。生产中常把10～20 cm土层的土用手捏成团，土团落地立即散碎，这时是合适的整地时间。

苜蓿有根瘤，能为根部提供氮素营养，一般地力条件下不提倡施氮肥。有关研究表明苜蓿施磷肥后增产效果比较明显，且一次施足底肥和以后分期施肥效果基本一样。这种情况下，为了保证苜蓿的质量，施用氮肥不宜太过于频繁，而是适当减少，以免影响到苜蓿的成长，使苜蓿发育畸形或死亡。

播前结合整地施有机肥2～3 m^3/亩、纯磷8～16 kg/亩一次施入。由于苜蓿生长过程中茎叶带走大量的钾，有条件的地方可适当施些钾肥以维持高产，为了防止苗期杂草的发生，播前将48%的氟乐灵（100 mL/亩）喷入土中，结合整地旋入5 cm深度土中，有效期可达3～5个月。

另外，根瘤菌是与豆科植物共生的革兰氏阴性细菌。在室温下，根瘤菌能将空气中的游离氮转化为植物直接使用的氮。紫花苜蓿应在播种前接种根瘤菌，特别是在未种植的土地上。接种根瘤菌可以保证苜蓿形成足够的根瘤，提高苜蓿的固氮能力。选择合适的根瘤菌剂。影响根瘤菌共生固氮效率的主要因素有根瘤菌种类、植物基因型、土壤因子、寄主植物、固氮酶基因等。许多根瘤菌的接种效果不佳，主要是因为获得的根瘤菌抗逆性不强，接种到土壤后成活率不高。大量适应土壤环境的本地根瘤菌与接种的根瘤菌竞争，多数情况下本地根瘤菌明显占优势，但其结瘤和固氮能力往往不强。高寒地区苜蓿根瘤菌的选择应考虑根瘤菌对极端低温的适应性。根瘤菌的接种方法主要有拌种和制粒两种。拌种是将根瘤菌粉加水（可加入黏合剂），与种子充分拌匀，在菌剂干燥前播种。制粒是将水溶性或易分解的胶黏剂和根瘤菌混合，与种子混合均匀，然后加入固体制粒料，直到每个种子都包上固体制粒料，然后晾干。在粒衣内接种根瘤菌剂，可以延长根瘤菌的生存时间，减少土壤干旱、盐、酸等不利因素对根瘤菌的危害，促进根瘤菌的侵袭和结瘤。在高寒地区，建议选用带有根瘤菌颗粒的苜蓿种子。接种根瘤菌促进了植物对磷的吸收和利用。在低有效磷土壤中，豆科植物接种根瘤菌可通过多种解磷机制促进植物对磷的吸收利用，提高植物磷含量，保证植物在低有效磷土壤上的正常生长。有研究发现，根生长能力越强，接种效果越明显，结瘤量与根生长能力密切相关。接种根瘤菌不仅能提高紫花苜蓿的产量和品质，还能增加土壤有机质含量，改善土壤结构，提高土壤肥力。

种子发芽需要适宜的温度和湿度，因此，提高发芽出苗率，需要适时播种，一般当地温稳定5 ℃以上，雨水量适宜的条件下即可以播种。同时，苜蓿以春播和秋播为最佳。因此，播种时我们可以选择进行条播，行距30 cm，利于通风透光及田间管理。播种量一般为1 kg/亩左右，采种田要少些，盐碱地可适当多些，播量过大，苗细弱。播种深度是影响出苗好坏的关键，一般是播种过深，最佳深度为0.5 ~ 1 cm。清除杂草是苜蓿田间管理的一项主要内容，一是在幼苗期，二是在夏季收割后，由于这两个时期苜蓿生长势较弱，受杂草危害较为严重，特别是夏季收割后，水热同步杂草生长快，不论采取什么方法，一定要做到及时规范。选择除草剂要慎重，以免造成牲畜中毒。

播种后的管理工作对于苜蓿的产量影响很大，在苜蓿苗长出后要做好查苗工作，确保苗全。要给幼苗适当的浇水和施肥，苜蓿在生长期对水分的需求量相对较多，在幼苗长出 3 片叶时浇饱苗水。苜蓿不耐涝，注意不可积水，如果雨水较多的情况下，需要及时地将积水排出。除了要施足基肥，还需要根据苜蓿的生长情况适当的施肥，苜蓿有其专用的细菌肥，同时还可以适量施加有机肥和磷肥。

7.3 苜蓿施肥和灌溉

7.3.1 苜蓿施肥的认识

有些人在种植苜蓿时常存在苜蓿和粮食作物采用相同的施肥方法的误区。通常我国北方地区种植的粮食作物为玉米等禾本科的作物，并且长期的种植，已经掌握了一套完整成熟的施肥技术，其施肥特点是在种植前通常会在施底肥时使用大量的氮、磷、钾肥，这是由于禾本科的植株在生长过程中对氮、磷、钾的需求量较大，并且禾本科作物也不像苜蓿一样具有固氮的作用。因此，在种植苜蓿时常将种植粮食作物的这一套施肥方法直接照搬过来，盲目地投入大量的氮肥等，这样不利于苜蓿的生长，严重影响苜蓿的质量和产量，还会造成肥料的浪费。

苜蓿具有固氮的作用，可能固定空气中的氮素，因此，有的种植户在种植苜蓿时认为不需要再施肥，这通常是由于种植户对苜蓿的生产性能有一定的了解，但是又不完全了解造成的。在农业生产中传统的方法是将农作物秸秆进行还田处理，翻入土壤作为肥料，而目前大多数进行秸秆离田处理。虽然苜蓿固氮大多数是来自空气中，但是也有一部分是从土壤中获得，如果长期不施氮肥，则势必会影响产量，并且在苜蓿收获时，也会有大量的矿物质，包括磷、钾、钙等营养被带走，因此，如果种植苜蓿时不施肥则很难维持正常的地力，影响苜蓿的生长，使产量和质量下降。

在种植苜蓿时底肥的施加固然重要，但是如果只是施些底肥，而不进行追肥，也会影响苜蓿的生长发育和生产。底肥和追肥的合理分配问题相对较为复杂，需要根据实际的种植情况来确定，地块的地力不同，底肥的施用、追肥也不同，如果追肥不合理，就会导致苜蓿生产过程中出现地块脱肥减产的问题，因此，在施足底肥的前提下，也要进行科学合理的追肥，要根据地力和产量来确定最合理的追肥期和追肥量，尤其是在收获后和每年越冬和返青前，都要做好追肥工作，以促进苜蓿再生，增加产量，提高质量。

苜蓿种植不但要求产量，也同样要求品质，目前有许多地方的苜蓿的价格都与质量直接挂钩，并且很多种植户也都认识到了苜蓿品质的重要性，但是仍有一部分种植户采用粗放的生产方式种植苜蓿，在施肥上过于粗放导致生产出来的苜蓿干草品质较差，无法和科学施肥生产出来的干草品质相提并论，并且产量也不高，因此，需要了解施肥与苜蓿品质的关系，生产出产量高、品质优、营养价值高的苜蓿。

7.3.2 苜蓿的需肥特点

苜蓿的特点是产量高、营养价值也较高，从空气和土壤中吸收养分的能力也较强，因此，对养分的需求量通常也要比一般的作物要高一些，研究表明，每生产1 t的苜蓿干草，需氮量为10～15 kg，磷为2～4 kg，钾为10～15 kg，钙为15～20 kg。因此，合理的施肥是获得苜蓿种植高产、稳产、优质的关键。如果长期的不施肥，或施肥不合理，则会导致地力下降，土壤中的养分减少，苜蓿的产量和质量受到严重的影响。做到科学施肥需要充分了解苜蓿的需肥特点，了解其对不同营养元素的需求。

氮是构成蛋白质的重要成分，并且核酸和叶绿体的形成也与氮密不可分，因此，氮对于苜蓿的生长、产量及质量的提高有着重要的作用。土壤中的含氮水平直接影响着苜蓿的产草量和根的发育形态，进而影响根瘤的形成，影响苜蓿的固氮能力。苜蓿具有共生固氮的能力，通常情况下通过固氮作用获得的氮素可以满足其正常的生长需要，因此，很多人在种植苜蓿时存在误区，即忽视了氮的使用。在实际的生产中，根瘤菌需要不断地从地上部分吸收碳水化合物，但是当苜蓿处于幼苗期或者在刈割后，苜蓿光合作用较弱，无法为根瘤菌提供充足的养分，导致苜蓿固氮能力下降，无法满足生长过程中对氮的需求，因此，仍然需要施用少量的氮肥，促进叶片的生长，使光合作用增强，一般在苜蓿返青前施用，以加快苜蓿返青，提高产量。

磷是组成许多辅酶及核酸、磷脂等的重要元素，参与了物质的合成与各种生理生化过程，追施磷肥可以使翌年的产量有明显的改善，这是由于磷素可以增加苜蓿叶片和茎枝的数目，提高分蘖的数量，还可以促进根系的生长，从而提高其吸收营养和水分的能力，进而提高苜蓿的抗旱能力和土壤的肥力。施磷肥时要以基肥为主，并且要以水溶性的磷肥为最好，可以更好地发挥肥效。

苜蓿作为典型的喜钾作物，钾的作用可以增加根长和根重，使苜蓿有更为强大的根系来吸收更大范围内的营养和水分。钾还可以增加根瘤的数量，提高根瘤固氮的能力。此外，钾对光合作用也会起到很强的作用，如果苜蓿植株缺钾，则光合作用减弱，抗逆性降低，值得注意的是，钾肥对于苜蓿的影响只表现在当年，因此，每年都需要施用适量的钾肥。

7.3.3 苜蓿的灌溉

合理的灌水量不仅可以满足植物正常的生长发育，而且可以有效利用水资源，减少浪费。灌溉必须考虑苜蓿不同生长期对水分的需求，以及地区气候、土壤条件、蒸发量、降水量及分配特点、地形和地下水位等因素。苜蓿生长发育与水分之间关系密切，充足的水分条件可以促进苜蓿植株茎节长度和茎节数的增加。在水分胁迫下，成熟植株叶片和茎的生长速率明显减小。

以紫花苜蓿为例。试验表明，不同灌溉处理与对照处理的紫花苜蓿的生长性能和生物量变化趋势基本一致。叶面积、茎叶比、植株高度和地上生物量都在现蕾期出现转折，这是由于苜蓿结蕾后，营养生长进入衰缓期。植物生长规律研究表明，苜蓿从营养生长进入生殖生长，叶片光合产生的营养物质向花蕾和茎秆转移，苜蓿叶片的相对重量逐渐变小，粗纤维的含量逐渐升高，即茎叶比减小。

7.3.3.1 对苜蓿茎叶比的影响

茎叶比在不同生育期变化趋势基本一致，都是先增大到分枝期后开始减小，在现蕾期达到最小。随着苜蓿进入生殖生长的全盛时期，茎叶比在初花期和盛花期又开始增大。但不同灌溉处理之间没有显著差异，这说明不同水分状况对苜蓿的茎叶比影响不明显。

灌溉处理对苜蓿各生育期株高度的影响显著，试验表明所有处理的苜蓿生长动态变化都呈“缓慢生长—快速生长—缓慢生长”的“S”形曲线，分枝期以后各灌水处理之间的苜蓿开始出现差异性的增长，增长速度随着灌水量的增多而增加。

7.3.3.2　对苜蓿地上生物量的影响

紫花苜蓿的耗水量与产草量一般呈抛物线性关系。灌溉增加土壤含水量，进而影响蒸散作用，在一定范围内紫花苜蓿的耗水量随着灌溉量的增加而提高，不同灌溉模式紫花苜蓿的耗水量不同。不同灌溉处理对苜蓿不同生育期的鲜草产量影响不同。灌溉量增加与紫花苜蓿的产量、收入呈正相关，但当灌水总量达到一定值时，灌溉量增加对苜蓿增产幅度影响不明显，反而因成本增加经济效益降低。

7.3.3.3　对苜蓿种子产量的影响

不同灌溉处理对苜蓿种子千粒质量及种子产量的影响不同。对于以获得种子为目的的苜蓿生产而言，则需要适当控制灌水，调节土壤水分，使其保持一定的干旱胁迫状态，有效地提高种子的产量和质量。

苜蓿种子生产已经被证明是较难灌溉的作物之一，要获得苜蓿种子高产的关键因素是适时的灌溉时间而不是灌水总量的多少。在苜蓿分枝期是营养物质快速积累时期，控制灌水可减少苜蓿徒长倒伏。苜蓿在现蕾至初花期灌水，可有效促进营养生长向生殖生长转化。苜蓿的各个生育期持续时间较长，应时常对苜蓿的生长情况进行观察，结合气候条件，土壤性质和大气降水量确定灌溉时间和灌溉量，能收到良好的灌溉效果。

7.4　苜蓿刈割

刈割是苜蓿生产过程中十分关键且容易人为控制的一环，刈割制度（刈割期、刈割时间、刈割茬次及留茬高度等收获的各个环节）对苜蓿干草产量、品质、越冬性、根干重、根体积及苜蓿种子的生产有着重要的影响。

7.4.1　刈割制度

7.4.1.1　刈割时期

在刈割制度中，刈割期对苜蓿干草的产量、营养成分和饲用价值的影响最大。因此，选择适宜的刈割期，是保证苜蓿干草产量和品质的根本要素。传统上国内外学者大多认为秋季不宜进行刈割，但近些年来许多学者发现秋季特定时期进行刈割对根系贮藏养分、植株存活率、产草量没有明显影响。

孕蕾期和开花期是产值较高的刈割时期，不同品种苜蓿可消化干物质的累计产量、粗蛋白质累计产量、产奶净能累计产量均较其他时期更高。结合紫花苜蓿的不同利用方式，在孕蕾期和开花期之间选择合适的刈割时期，如利用鲜草可以选择孕蕾期，而利用干草可以选择开花期，或者在二者之间的某个时期。

苜蓿从初花期到盛花期7～10 d，且初花期（1/10开花）时蛋白质含量最高，应进行第一次刈割。刈割不能晚于盛花期，否则，易造成苜蓿落叶严重，茎秆纤维化，品质下降。二年以后第一茬苜蓿草刈割宜在5月中下旬（不同地区、不同生长状况可适当调整）；以后视水肥条件，每隔30～40 d刈割一次，刈割时留茬5 cm，过高过低都不利于后期生长；在最后一次刈割时，要注意留30～50 d的生长期，保证入冻前地上部分生长达到15 cm以上，使根部储存足够的营养，抗寒越冬。

对于青贮苜蓿生产，情况则有所不同。DM含量和pH值是影响苜蓿青贮蛋白质降解的主要因素，低水分含量与低pH值可以有效降低蛋白质的分解。同日内推迟苜蓿刈割时间可以显著降低各品种苜蓿的水分含量与青贮pH值，从而有效减少NPN、FAA-N与NH_3-N含量，改善高水分苜蓿青贮发酵品质，降低蛋白质分解的程度，提高苜蓿营养价值。

7.4.1.2 刈割茬次

苜蓿一年中刈割的次数多少，与当地的气候条件，无霜期长短、管理水平及品种本身的生物学特性等因素有关。气候温暖、无霜期长、水肥条件好、管理水平高的地区，刈割次数相对较多。气候寒冷、干旱、生长季节短、管理较粗放的地区，刈割次数相对要少。一般情况下，年平均气温6.4 ℃，极端最低气温-30.9 ℃，无霜冻期150 d；年平均降水量

400 mm，生长季为4—10月的地区，以年刈割3～5次为宜。刈割3次可保证最高的产草量，刈割4次粗蛋白质含量最高，刈割5次粗蛋白质含量较高且粗纤维含量较低，低于3次刈割草品质下降。对优于上述条件地区，则可提高刈割次数，否则减少刈割次数。

在我国北方寒冷干旱地区春播苜蓿当年可刈割1次，夏播苜蓿当年不收草，第2年以后可刈割2～3次。在内蒙古、新疆、甘肃等无灌溉条件的干旱地区，每年刈割1～3次，有灌溉条件或降水量较多的地区一年可刈割3～4次。陕西、河北、山西等有灌溉条件的温暖地区，一年可刈割4～5次。长江流域一年可收4～5次。

如果播种较晚时，第1年要减少刈割次数或不刈割为好。随着刈割次数的增加，苜蓿返青率下降幅度逐渐增大（孙德智等，2005），各个苜蓿品种越冬率逐渐降低。大多数研究指出，对苜蓿植株刈割不利于其安全越冬及其持久利用。但同时也有报道表明多次刈割不会影响苜蓿的越冬性及次年产量。而刈割次数过少，又会造成草产量及品质的下降。

过氧化物酶（POD）和超氧化物歧化酶（SOD）随着刈割次数增加越冬前活性逐渐降低。而丙二醛则是随着刈割次数增加越冬前积累量逐渐升高。超氧化物歧化酶、过氧化氢酶、过氧化物酶是酶促防御系统的重要保护酶类，均具有清除自由基并防止自由基毒害的作用，其活力的变化可作为植物的耐寒指标。刈割次数少时，丙二醛的积累量较低，表明细胞膜在保护酶类的协同作用和保护下受害较轻。随着刈割次数的增加，越冬前保护酶类活性的大幅度下降，丙二醛的积累量也大幅增加，说明膜的损伤程度加重。丙二醛作为膜系统磷脂不饱和脂肪酸的过氧化产物对细胞膜有一定伤害。

刈割次数影响两种保护酶活性及丙二醛积累的机理还不清楚。已有许多研究指出，苜蓿主根糖积累正相关品种的越冬存活率，与本试验结果相同。也有研究指出，根部淀粉浓度则非抗寒性品种要较抗性品种高。很多试验表明，多年生苜蓿春季生长的强弱，决定于前一生长季内贮藏营养物质积累的多少。在秋季积累大量贮藏营养物质的苜蓿，第2年苜蓿的产量便增加反之，则减少。

7.4.1.3 留茬高度

10 cm留茬营养品质留茬好于5 cm留茬。5 cm留茬割有利于1级分枝的发生，10 cm留茬由于受割后茎茬阻挡的影响较大，有碍于1级分枝的发生，2级分枝受留茬高度的影响较小。

连续刈割3年后，根干重、根体积均以10 cm留茬明显高于5 cm留茬，但根干重、根体积的分布比例在0～10 cm土层内，5 cm留茬大于10 cm留茬，这既说明5 cm留茬割对根系生长的不利，同时也反映了连年5 cm留茬刈割下根系重心下移困难。3年的平均越冬率10 cm留茬较5 cm留茬高4.6%，说明在试验地区采用10 cm留茬割有利于紫花苜蓿的安全越冬。综合3年平均草产量来看，干草产量5 cm留茬与留茬的10 cm差异并不明显。5 cm留茬刈割下的草产量优势仅表现前2年，第3年后草产量明显下降。可以认为，试验地区粮草轮作周期在4年以上时，采用10 cm留茬刈割更具优势。

7.4.2 刈割机械

刈割压扁是苜蓿干草收获工艺和苜蓿青贮收获工艺的第一个环节，对于苜蓿优质收获具有重要的意义。进行苜蓿刈割压扁工艺及机械设备的研究，能够从苜蓿收获环节出发，减少苜蓿营养损失，提高苜蓿干草产品质量，为我国苜蓿产业的发展提供机械与设备支撑。

国外生产苜蓿刈割压扁机的厂家众多，主要有美国的John Deere、New Holland、Agco，法国的Kuhn、德国的Claas、加拿大的Macdon等公司。这些公司生产的刈割压扁机产品丰富多样，从刈割方式来讲，包括了旋转式和往复式的刈割压扁机；从调制方式来讲，包括了压扁调制和梳刷调制，其中压扁调制又包括了橡胶辊、钢辊等多种不同形式压扁部件的刈割压扁机；从悬挂方式来讲，主要为前悬挂、侧悬挂和牵引式的机器，部分大机型结合了前悬挂和侧悬挂的牵引方式，在拖拉机正前方和两个侧后方共悬挂三套刈割压扁装置，提高了机具的集成度和作业效率。总的来说，国外刈割压扁机的发展趋势是大功率、大幅宽、高效率，幅宽3.5 m以上的机器受到农场和用户的青睐。

王德成教授团队与河北省农林科学院旱作农业研究所、石家庄鑫农机械有限公司和河北省景县津龙养殖公司共同研发了自走式苜蓿刈割压扁机。该机械采用带倾角的割草方式，能够实现“零割茬”作业；工作装置采用浮动弹簧进行随地仿形，提高了工作效率；压扁辊采用力调节方式对苜蓿进行压扁调制，保证了压扁质量；采用自走式的作业方式，保证了整机结构紧凑、灵活和方便；割刀和压扁辊之间合理的布置，有利于被刈割后的苜蓿植株顺畅地进入压扁辊之间，有利于减少机械作业损失。

7.4.3 刈割与苜蓿种子生产

王显国等（2005）研究认为在孕蕾期刈割会导致紫花苜蓿种子产量降低，其展开试验的情境应该不存在传粉限制。如果不存在传粉限制，那么通过刈割来调整花期将不会导致产量的提高反而会因缩短生育周期而影响种子产量。如果昆虫活动与花期不能充分相遇，那么调节花期将是个可行的办法，但还要有一个提高传粉效率所增加的种子产量与生育期的缩短所损失的种子产量的权衡。如果通过刈割提高传粉效率后所增加的种子产量大于因缩短2茬生育期所损失的种子产量，那么可以刈割。反之，不宜进行刈割处理。而在可以刈割的情况下，还要根据当地气候条件确定最佳的刈割时间适宜的刈割时间是影响再生产量的重要因素。而在以调节花期为目的操作中，刈割时间的确定要把握的一个重要准则：在保证昆虫活动与花期充分相遇的情况下尽可能地延长刈割后苜蓿的生育周期，以保证苜蓿在种子形成过程中有充分的营养物质积累。

分枝期对紫花苜蓿进行刈割处理可以显著地推迟紫花苜蓿种子成熟时间。在大面积的紫花苜蓿种子生产中，可以通过在分枝期刈割的方法调控种子成熟时间，以解决大面积种子田集中成熟时由于人力、机械不足，被迫推迟种子收获时间而造成的产量损失。

7.5 苜蓿加工

苜蓿粗蛋白质、矿物质、维生素和氨基酸含量丰富。一般含粗蛋白质15%～24%，比玉米高1.5～2.5倍，营养价值高，适口性好，为各种家畜所喜食。苜蓿有多种利用方式，可以鲜草直接饲喂、调制干草、加工草粉，还可以做青贮饲料等。

7.5.1 苜蓿青饲

由于紫花苜蓿在用作青饲时能够具有较高的消化率以及适口性，因而为了保证这些特点，在青饲时以随割随喂为主要的原则，并要注意尽量以散放的形式置于阴凉处，保证其新鲜。在饲喂畜禽时，反刍动物用量可多，而单胃动物要限量饲喂，鸡的日粮可占2%～5%，猪的日粮10%～15%为宜，牛、羊的日粮可占30%～60%，牛、羊过量饲喂会发生鼓胀病。

7.5.2 调制干草

调制干草饲料是紫花苜蓿发挥的主要价值之一。调制干草应在初花期刈割，调制干草含水量在17%以下，草粉含水量要尽量控制在13%～15%。而为了防止营养流失，收割和调制都要及时进行。再将调制后的干草粉碎后与精料混合就可以实现家畜的饲喂。而苜蓿干草的叶量是决定苜蓿品质的主要因素。

与日晒处理和阴干处理相比，对干草进行压扁处理可明显地缩短干燥时间，这样不仅能够有效控制叶片损失和苜蓿的呼吸作用，还能够减少因干草的光化学作用和酶活动造成的损失，并让干草的粗蛋白质含量（CP）、胡萝卜素，降低酸性洗涤纤维（ADF）、中性洗涤纤维（NDF）含量等都具有明显的提升，进而提高干草营养品质。压扁可采用刈割、压扁一体的New Holland 488型割草机刈割，茎秆有纵向裂纹，留茬5～6 cm，放至苜蓿地自然干燥，草条厚度约15 cm、宽度约50 cm，当含水量达到40%左右时翻晒1次，晾晒至49 h含水量降至20.11%，达到打捆标准。而未压扁处理在同等条件下53 h时仍未达到打捆标准。

7.5.3 苜蓿青贮

苜蓿青贮生产的工艺包括窖贮、堆贮、壕贮、塔贮、袋式灌装青贮和拉伸膜裹包青贮等。目前，我国苜蓿青贮饲料生产应用较为广泛的工艺是窖贮、堆贮、拉伸膜裹包青贮和袋式灌装青贮。

7.5.3.1 窖贮

苜蓿窖贮的工艺路线为：原料入窖前在窖底及四周铺设塑料薄膜，薄膜须留有足够长度，待窖满后折回能完全包盖顶部苜蓿；苜蓿原料铡成长2～3 cm的碎段，一边入窖、一边压实，应注意压实窖壁四周；大型青贮窖应以楔形填装并充分压实，逐渐向前推进；压实后体积与入窖前体积比应达到1.0：2.2以下（压实密度为550 kg/m^{3}以上）；原料装至高出窖口30～40 cm，使其呈中间高、周边低，长方形窖呈弧形屋脊状；在填装过程中应避免雨水进入窖内：填装工作应在3 d内完成，越短越好；装填完成后，用塑料薄膜将苜蓿原料完全盖严，塑料薄膜叠层覆盖不低于1 m，上层塑料薄膜用厚50～60 cm的湿土或废旧轮胎等覆盖压实；地下、半地下青贮窖须在四周距窖口50 cm处挖排水沟，防止雨水渗入窖内。窖贮30 d后即可开封饲用。由于其青贮设施是固定的，且不便运输，不能商品化，因而，窖贮只能作为养殖企业自给自足的苜蓿青贮加工工艺。

7.5.3.2 堆贮

苜蓿堆贮工艺路线为：堆贮场应选择地势高、向阳、干燥和土质较为坚实的地方（硬化地面较好），堆底要高于地面20 cm；铺添原料前在底部铺设塑料薄膜，薄膜须留有足够长度，待装填一定体积后折回能完全包盖四周及顶部苜蓿；苜蓿原料铡成长2～3 cm的碎段：一边装填、一边压实；大型堆贮应以楔形填装并充分压实；逐渐向前推进，压实密度为550 kg/m^{3}以上；在填装过程中应避免雨水进入；填装工作应在3 d内完成，越短越好；当堆高达到1.5～1.8 m时，需将青贮堆顶部修整成馒头状；装填完成后，用塑料薄膜将苜蓿原料完全盖严，塑料薄膜叠层覆盖不低于1 m，上层塑料薄膜用厚50～60 cm的湿土或废旧轮胎等覆盖压实；须在青贮堆四周50 cm处挖排水沟，防止雨水渗入青贮堆内。堆贮30 d后即可开封饲用。由于其青贮设施是固定的，不便运输，不能商品化，且占地面积较大，因此，堆贮只能成为养殖企业自给自足的苜蓿青贮加工工艺。

7.5.3.3 拉伸膜裹包青贮

苜蓿拉伸膜裹包青贮是草捆青贮的一种发展，其调制原理是通过凋萎将牧草水分含量降至50%～65%时，用捆包机高密度捡拾压捆，并用网眼纱或塑料麻线固定草捆的形状，然后利用青贮裹包机用塑料薄膜多层（一般裹包6层；由于拉伸膜之间需50%的重叠，故裹包3轮）裹包密封，以创造有利于乳酸发酵的厌氧条件，草捆密度一般为160～230 kg/m^3。为防止草捆过重，且易于搬运，一般草捆直径1.0～1.2 m、长度1.2～1.5 m，重量不超过600 kg/捆为宜。与一般青贮（窖贮、堆贮、壕贮和塔贮）相比，拉伸膜裹包青贮能够进行商品化生产，且贮存方便灵活，有氧腐败损失小，取用操作及饲喂方便，贮存和饲喂过程中干物质损失量小（5%～10%）。

7.5.3.4 袋式灌装青贮

袋式灌装青贮采用袋式灌装机将切碎的苜蓿草高密度地装入由塑料拉伸膜制成的专用青贮袋。袋贮采用机械连续灌装，密度均匀，密度可达到70 kg/m^3，为优质青贮饲料提供了保障。袋式灌装青贮可节省投资，且贮存损失小、贮存地点灵活。其最大优点是密闭性能强，原料密度大，灌装之后能很快进入厌氧状态，对保存青贮料营养物质和提高综合效益均具有重要作用。

7.5.4 加工过程中苜蓿营养物质变化

7.5.4.1 蛋白质含量

苜蓿刈割后，干燥过程就开始了，伴随着一系列复杂的生理、生化过程，植物的营养成分会有一些损失，其损失程度取决于苜蓿脱水的快慢，即达到安全水分（苜蓿饲草含水量为14%～15%）时所需的时间。通常干燥速度越快，蛋白质保存率越高。当干燥速度在2 h以内时，蛋白质保存率在95%以上；当干燥速度为72 h，蛋白质保存率为70%左右，即蛋白质含量可占干物质的17%左右，这一界限在干草调制中有着非常重要的意义，通过它就能判定苜蓿刈割加工地区的气候条件是否适合采取自然干燥方法，并作为改进干草加工工艺的依据，以保证苜蓿干草的质量。所以在苜蓿刈割后，要尽可能缩短干燥时间，并避免雨淋，同时减少干燥过程中的机械损失，从而获得高质量的苜蓿干草。

在苜蓿干草调制过程中，因干燥引起的叶片脱落是影响干草质量的重要原因。为保证干草安全贮藏，干草打捆时的茎秆含水量为17%～18%，而此时富含营养的叶片很容易脱落；若选择22%～25%的含水量打捆，叶片的损失可大大减少，从而显著降低产量损失，保证干草品质。为保证22%～25%情况下打捆贮存，可采用营养锁定剂，试验证明，采用调制干草型营养锁定剂调制的干草粗蛋白质含量可达20.4%以上，增加可消化营养15.3%，提高干物质消化率11.7%。营养锁定剂的用量与饲草含水量有关。通常应预先测定饲草含水量，然后将适量的营养锁定剂与冷混合均匀，采用浇灌或通过计量容器喷施于饲草表面，一边喷施一边翻动饲草，保证喷施均匀，然后打捆，注意锁定剂溶液需在12 h内用完，以免失效。

7.5.4.2 维生素E含量

新鲜紫花苜蓿中含有丰富的维生素E，但维生素E非常不稳定，氧化作用可迅速破坏天然维生素E，而热、湿、酸败和微量元素可以加速维生素E的氧化。Bruhn et al.（2007）研究报道，因水分含量不同，苜蓿第1次刈割贮藏期间，α-维生素E含量下降，而第5次刈割贮藏期间则没有变化。Hidiroglou et al.（1994）研究报道，干草α-维生素E的含量为鲜草的10%～20%。本研究第1茬和第3茬紫花苜蓿干草α-维生素E含量分别为531.86 mg/kg、272.98 mg/kg，显著高于鲜草（第1茬为137.14 mg/kg、第3茬为162.50 mg/kg）；但是第2茬紫花苜蓿干草α-维生素E含量与鲜草无显著差异，具体原因有待进一步研究。维生素E的降解率受温度的影响较大，当温度增加且加热时间延长，维生素E氧化降解速率相应加快。刘广华等（2020）研究发现制粒对α-维生素E含量影响显著，表明高温导致α-维生素E氧化降解。第1茬和第2茬紫花苜蓿鲜草、干草和草颗粒γ-维生素E含量无显著变化，说明紫花苜蓿在加工过程中α-维生素E的变化规律与γ-维生素E不同。

7.5.5 苜蓿食品

7.5.5.1 苜蓿挂面

苜蓿含有丰富的蛋白质、膳食纤维、矿物质、维生素等，将其应用于食品中可以增加食品的营养性。苜蓿加入面粉中可制成苜蓿挂面，可以同时提高蛋白质和膳食纤维的含量，补充营养，维持人体营养平衡，增强人体免疫力。

7.5.5.2 苜蓿饮料

以苜蓿为原料生产天然的苜蓿保健饮料，既可以补充营养，维持人体营养平衡，又能增进人体健康，增强人体免疫力。苜蓿饮料加工的工艺流程为：鲜苜蓿→预处理→热烫护色→破碎浸提→粗滤→煮沸→调配→精滤→灌装→杀菌→冷却→成品。

7.5.5.3 苜蓿灌肠

将苜蓿作为蔬菜原料，将传统配料和现代工艺相结合可制成苜蓿营养灌肠。苜蓿营养灌肠的色泽、口感、切片性和感官综合均随着苜蓿浆添加量的增加而显著下降；出品率范围为12.9%～14.1%，大豆组织蛋白和变性淀粉的交互作用对灌肠的出品率有明显的降低作用。最佳配比为：苜蓿浆8%、大豆组织蛋白4.2%和变性淀粉2%。

7.5.5.4　苜蓿罐头

将新鲜的苜蓿清洗干净后用氯化钠和碳酸钠浸泡，再经一些后续的处理，然后装罐可制成营养丰富，色泽味俱佳的苜蓿罐头。具体工艺为：选料→清洗→0.01%的碳酸钠溶液处理8～10 min→清水冲洗→95 ℃的热水中处理约2 min→浸渍护色→用0.002%的氯化钙溶液硬化处理→装袋→真空密封→121 ℃杀菌15 min、冷却至40 ℃→在37 ℃左右保温7 d、检验→成品。

7.5.5.5　苜蓿茶

对苜蓿茎叶进行烘焙处理，制成了苜蓿保健茶。具体工艺为：原料→拣选→切碎→用120 ℃蒸汽处理5 min→冷却→用90～95 ℃的干燥空气干燥去掉80%的水分，然后放入干燥机内，在37～40 ℃下干燥8 h→50 ℃下烘焙10 min→粉碎→成品。苜蓿是豆科草本植物，在我国种植范围广、产量高。苜蓿含有丰富的优质蛋白、免疫活性多糖、膳食纤维等营养成分，具有延缓衰老、预防便秘、降“三高”的功能。国外已经关注到苜蓿的食用价值，对苜蓿中的蛋白质和色素进行了大量研究。在我国苜蓿资源主要用做动物饲料，研究人员也逐渐关注到它的食用价值，对苜蓿中的黄酮、蛋白质等成分进行了研究，但鲜见关于膳食纤维的相关报道。膳食纤维呈多羟基、疏松多孔结构，具有良好的吸附特性。持水力、膨胀力反映膳食纤维对水分子的吸附能力，吸附水分子后体积膨胀，引起饱腹感，促进肠道蠕动，有利于预防肥胖和结肠癌。持油力反映膳食纤维对油脂的吸附能力，吸附油脂后随膳食纤维排出体外，有利于降血脂。对胆固醇、亚硝酸钠的吸附能力能反映膳食纤维对有害物质的吸附能力，吸附有害物质后可降低体内有害物质的浓度，从而有效预防冠心病、癌症等疾病。膳食纤维含有羟基、羧基、氨基等侧链基团，能和Ca^{2+}、Pb^{2+}、Cu^{2+}、Na^{+}、K^{+}等离子进行可逆交换。膳食纤维与阳离子进行交换，有利于维持肠道内的pH值、渗透压，降低血液中Na^{+}/K^{+}浓度，起到降血压的作用。随着人们对膳食纤维生理功能的关注，2015年，英国营养科学咨询委员会建议将膳食纤维的摄入量增加至30 g/d，但目前全世界大多数人由于食用精加工食物，膳食纤维的摄入量不到20 g/d。

参考文献

常瑜池，徐伟洲，武治兴，等，2022. 氮、磷、钾配施对榆林沙地紫花苜蓿根系性状的影响[J]. 饲料研究（5）：114-119.

陈婧，郭子雯，潘春清，等，2022. 苜蓿病虫草害研究现状[J]. 草学（1）：1-14.

陈林，王磊，宋乃平，等，2009. 灌溉量和灌溉次数对紫花苜蓿耗水特性和生物量的影响[J]. 水土保持学报，23（4）：91-95.

陈永岗，杨正荣，郭天斗，等，2021. 阿鲁科尔沁旗沙地不同种植年限苜蓿根系形态研究[J]. 甘肃农业科技（8）：53-58.

陈昱铭，李倩，王玉祥，等，2019. 氮、磷、钾肥对苜蓿产量、根瘤菌及养分吸收利用率的影响[J]. 干旱区资源与环境，33（7）：174-180.

杜青林，2006. 中国草业可持续发展战略[M]. 北京：中国农业出版社.

耿智广，2009. 刈割、施肥等干扰因素对紫花苜蓿种子产量及质量的影响[D]. 兰州：甘肃农业大学.

郭丰辉，丁勇，马文静，等，2021. 紫花苜蓿个体性状对土壤磷素供给能力的响应研究[J]. 草原与草坪，41（1）：18-25.

郝常宝，2017. 苜蓿地杂草综合控制技术探讨[J]. 山东畜牧兽医，38（6）：19.

洪绂曾，2009. 苜蓿科学[M]. 北京：中国农业出版社.

黄宁，卢欣石，2012. 苜蓿叶部与根部病害研究的评价进展[J]. 中国农学通报，28（5）：1-7.

李栋，2012. 中国苜蓿产业发展的现状和面临的问题及对策分析[J]. 中国畜牧兽医，39（12）：208-211.

李志强，2002. 美国的苜蓿生产[J]. 世界农业，1（273）：26-27.

刘广华，孙林，张福金，等，2020. 加工及添加黄芩对紫花苜蓿维生素E含量的影响[J]. 中国草地学报，42（3）：147-153.

刘国利，2009. 紫花苜蓿对水分胁迫的响应及其水分利用效率调控机制的研究[D]. 兰州：兰州大学.

卢欣石，2013. 中国苜蓿产业发展问题[J]. 中国草地学报，35（5）：1-5.

陆姣云，段兵红，杨梅，等，2018. 植物叶片氮磷养分重吸收规律及其调控机制研究进展[J]. 草业学报，27（4）：178-188.

陆姣云，杨惠敏，田宏，等，2021. 水分对不同生育时期紫花苜蓿茎叶碳、氮、磷含量及化学计量特征的影响[J]. 中国草地学报，43（6）：25-34.

南志标，李春杰，1994. 中国牧草真菌病害名录[J]. 草业科学（增刊）：22-25.

南志标，李春杰，王文，等，2001. 苜蓿褐斑病对牧草质量光合速率的影响及田间抗病性[J]. 草业学报，10（3）：26-34.

强玉宁，2018. 苜蓿田间杂草防除技术[J]. 甘肃畜牧兽医，48（1）：86-87.

任鸿远，2007. 紫花苜蓿生长特性与温度关系的研究[D]. 杨凌：西北农林科技大学.

时永杰，孙晓萍，马振宇，等，1998. 甘肃省苜蓿的主要病害及其分布[J]. 青海草业，7（3）：17-18.

苏生昌，王雪薇，王纯利，等，1997. 苜蓿褐斑病在新疆的发生[J]. 草业科学，14（5）：31-33.

孙海燕，2008. 紫花苜蓿水分生产函数及优化灌溉制度的研究[D]. 呼和浩特：内蒙古农业大学.

孙洪仁，韩建国，张英俊，等，2004. 蒸腾系数、耗水量和耗水系数的含义及其内在联系[J]. 草业科学（增刊）：522-526.

孙洪仁，刘国荣，张英俊，等，2005. 紫花苜蓿的需水量、耗水量、需水强度、耗水强度和水分利用效率研究[J]. 草业科学（12）：24-30.

孙洪仁，张英俊，韩建国，等，2005. 紫花苜蓿的蒸腾系数和耗水系数[J].

中国草地（3）：65-70，74.
孙启忠，柳茜，李峰，等，2019. 苜蓿的起源与传播考述[J]. 草业学报，28（6）：204-212.
谭瑶，刘嘉鑫，付丽媛，等，2016. 紫花苜蓿田杂草种类及危害调查[J]. 内蒙古农业大学学报（自然科学版）（11）：3-6.
田莉，2022. 草原畜牧业发展中存在的问题及策略[J]. 中国畜牧业（20）：40-41.
童长春，2020. 紫花苜蓿氮效率特征及其调控机制研究[D]. 兰州：甘肃农业大学.
王如月，袁世力，文武武，等，2021. 磷对铝胁迫紫花苜蓿幼苗根系生长和生理特征的影响[J]. 草业学报，30（10）：53-62.
王文信，朱俊峰，2012. 美国的苜蓿产业发展历程及对中国的启示[J]. 世界农业（4）：18-21.
王显国，2005. 密度调控、施肥、刈割等措施对紫花苜蓿种子产量和质量的影响[D]. 北京：中国农业大学.
王晓力，王静，2004. 紫花苜蓿种子生产田间管理关键技术[J]. 内蒙古草业（1）：59.
王园园，赵明，张红香，等，2021. 干旱胁迫对紫花苜蓿幼苗形态和生理特征的影响[J]. 中国草地学报，43（9）：78-87.
王志军，格根图，刘丽英，等，2021. 刈割时间对苜蓿干草叶绿素含量和营养品质的影响[J]. 中国草地学报，43（9）：52-59.
邬备，2017. 苜蓿刈割压扁收获机械系统的优化和试验研究[D]. 北京：中国农业大学.
武瑞鑫，孙洪仁，孙雅源，等，2009. 北京平原区紫花苜蓿最佳秋季刈割时期研究[J]. 草业科学，26（9）：113-118.
徐宝刚，2022. 苜蓿施肥常见误区及科学施肥技术[J]. 现代畜牧科技（2）：54-55.
徐博，刘卓，王英哲，等，2015. 氮、磷、钾肥对紫花苜蓿草产量的影响[J].

吉林农业科学，40（6）：47-50，79.
杨富裕，2020. 浅论新时代十大草产业[J]. 草学（2）：1-3，10.
杨恒山，葛选良，王俊慧，等，2010. 不同生长年限紫花苜蓿磷的积累与分配规律[J]. 草业科学，27（2）：89-92.
杨青川，康俊梅，张铁军，等，2016. 苜蓿种质资源的分布、育种与利用[J]. 科学通报，61（2）：261-270.
杨青川，孙彦，2011. 中国苜蓿育种的历史、现状与发展趋势[J]. 中国草地学报，33：95-101.
张福锁，崔振岭，王激清，等，2007. 中国土壤和植物养分管理现状与改进策略[J]. 植物学通报（6）：687-694.
张英俊，王铁伟，2003. 紫花苜蓿营养元素需求特点[C]//. 第二届中国苜蓿发展大会论文集——苜蓿基础研究：40-48.
张玉聚，李洪连，张振臣，等，2004. 中国农田杂草防治原色图解[M]. 北京：中国农业科学技术出版社.
赵金梅，周禾，郭继承，等，2007. 灌溉对紫花苜蓿生产性能的影响[J]. 草原与草坪（1）：38-41.
赵静，师尚礼，齐广平，等，2010. 灌溉量对苜蓿生产性能的影响[J]. 草原与草坪，30（5）：84-87.
赵培宝，2003. 苜蓿常见病害的发生与综合防治[J]. 特种经济动植物，6（6）：41-42.
周永军，李平儒，2020. 苜蓿常见病虫害分类的探讨[J]. 农业技术与装备（6）：148-149.